Salahoddin Shokranian

SOLUÇÕES E COMENTÁRIOS DOS 457 EXERCÍCIOS DO LIVRO:

UMA INTRODUÇÃO À TEORIA DOS NÚMEROS DO MESMO AUTOR.

Salahoddin Shokranian

Soluções e comentários dos 457 exercícios do livro: Uma Introdução à Teoria dos Números do mesmo autor.

Soluções e Comentários dos 457 Exercícios do livro: Uma Introdução à Teoria dos Números, do mesmo autor

Editor: Paulo André P. Marques

Produção Editorial: Dilene Sandes Pessanha

Capa: Daniel Jara

Diagramação: Aline Vieira Marques

Copidesque: Eveline Vieira Machado

FICHA CATALOGRÁFICA

SHOKRANIAN, Salahoddin.

Soluções e Comentários dos 457 Exercícios do livro: Uma Introdução à Teoria dos Números, do mesmo autor

Rio de Janeiro: Editora Ciência Moderna Ltda., 2016.

1. Matemática 2. Álgebra
I — Título

ISBN: 978-85-399-0802-8 CDD 510
512

Editora Ciência Moderna Ltda.
R. Alice Figueiredo, 46 – Riachuelo
Rio de Janeiro, RJ – Brasil CEP: 20.950-150
Tel: (21) 2201-6662/ Fax: (21) 2201-6896
E-MAIL: LCM@LCM.COM.BR
WWW.LCM.COM.BR

05/16

Aos meus leitores

Prefácio

Este é o livro das soluções dos exercícios do livro *Uma Introdução à Teoria dos Números*, abreviado como [Sho utn] na lista das referências no final do presente livro. Após seu lançamento em 2008, recebi alguns e-mails dos leitores sobre a disponibilidade das soluções dos exercícios. O livro consta com 457 exercícios, sem contar os números dos itens de vários exercícios. A minha resposta era de que talvez num futuro eu publicaria o livro das soluções. O presente livro traz o futuro para o presente.

Durante a preparação das soluções, encontrei alguns exercícios que podem ser incompletos, errados ou difíceis. Todos são tratados com soluções, correções ou comentários.

O presente livro, como o [Sho utn], contém sete capítulos. Quando não há indicação explícita, a referência é o livro [Sho utn]. Teoremas, lemas, proposições e exemplos ou corolários sem referência indicada são do livro mencionado.

Na elaboração deste livro, conversas com Amin Shokrollahi e alguns cálculos de Ruzbeh Shokranian são apreciados.

Espero que este livro sirva bem aos leitores e professores que lecionam a Teoria dos Números utilizando o livro [Sho utn].

Salahoddin Shokranian

Setembro de 2015

Salahoddin.shokranian@gmail.com

Sumário

Capítulo 1

Números naturais

Este capítulo contém 104 exercícios. Eles são sobre assuntos básicos do primeiro capítulo do livro [Sho utn], tais como, números pares, ímpares, máximo divisor comum, mínimo múltiplo comum, indução matemática, divisão de Euclides, resto da divisão e equações diofantinas de grau um.

Alguns exercícios a seguir possuem mais de um item e, algumas vezes, nem todos os itens são resolvidos por causa das semelhanças de soluções.

1.1 Exercícios e suas soluções

(1) Mostre as seguintes propriedades dos números pares e ímpares.

(a) A soma de dois números pares é par.
(b) A soma de dois números ímpares é ímpar.
(c) O produto de dois números pares é par.
(d) O produto de dois números ímpares é ímpar.
(e) O produto de um número par e um número ímpar é par.
(f) O produto de um número par e um número ímpar é par.
(g) Existe uma função bijetora entre o conjunto de números pares e ímpares.
(h) É possível dar uma condição necessária e suficiente para que as raízes de um polinômio quadrático com coeficientes inteiros sejam inteiras?

Solução. (a) Se m e n são números pares, de acordo com a Definição 1.38, então, eles são inteiros divisíveis por 2. Daí, $m = 2r$ e $n = 2s$ para alguns inteiros r e s. Logo, a soma deles é um múltiplo de 2, pois

$$m + n = 2(r + s).$$

Portanto, $m + n$ é par.

(b) Se m_1 e m_2 são números ímpares naturais, então, eles são não nulos e não são divisíveis por 2 pela mesma Definição 1.38. Por outro lado, neste caso, somente o resto da divisão por 2 pode ser 1. Portanto, temos que $m_1 = 2q_1 + 1$ e $m_2 = 2q_2 + 1$ para alguns inteiros naturais q_1 e q_2. Daí, temos que

$$m_1 + m_2 = 2(q_1 + q_2) + 2 = 2(q_1 + q_2 + 1).$$

Logo, o lado direito é divisível por 2. Quando os referidos números são ímpares, pode-se aplicar o resultado do Exercício 86 do mesmo capítulo para notar ainda que o resto da divisão deles por 2 é 1. E a solução é a mesma. Logo, $m_2 + m_2$ é par.

(c) $m = 2r$ e $n = 2s$. Logo, $mn = 4rs$. Portanto, o produto é divisível por 2. Isso mostra que o produto é par.

(d) Como a solução do item (b) mostra, temos que

$$m_1 \cdot m_2 = 4q_1q_2 + 2q_1 + 2q_2 + 1 = 2(2q_1q_2 + q_1 + q_2) + 1.$$

Notamos que o número inteiro do lado direito da segunda igualdade não é divisível por 2.

(e) Seja $m = 2q\ + 1$ um número ímpar e $n = 2k$ um número par. Então, a soma deles é $m + n = 2(q + k) + 1$, que não é divisível por 2.

(f) Com os dados do item precedente, temos que $2mn = 2qk + 2k$. Este é divisível por 2.

(g) A cada número par n podemos associar o número ímpar $n + 1$. Isso mostra que a função determinada por essa associação é, de fato, injetora, pois quando $n_1 + 1 = n_2 + 1$, temos que $n_1 = n_2$. Para provar que essa função também é sobrejetora, notamos que cada número ímpar m pode ser escrito como a soma de um número par n e 1, que é $n + 1$ (veja item (b)).

(h) Se $ax^2 + bx + c$ é um polinômio quadrático com coeficientes inteiros, então, podemos, em primeiro lugar, supor que o máximo divisor comum dos coeficientes é igual a 1. Para que as raízes desse polinômio sejam inteiras, podemos considerar dois casos: primeiro, que o discriminante $\Delta = b^2 - 4ac$ é zero. Logo, neste caso, as raízes são duplas e iguais a $\frac{-b}{2a}$, e para que sejam inteiras, é necessário e suficiente que $2a$ divida b. O segundo caso é quando $\Delta > 0$. Neste caso, $b^2 - 4ac$ tem que ser um número inteiro quadrado. Pois, se não for irracional, a soma com o inteiro $-b$ também for irracional e ainda dividindo por $2a$, o resultado será irracional também. Logo, as raízes não serão inteiras. Portanto, quando $b^2 - 4ac = n^2$ para algum inteiro n, temos que

$$x = \frac{-b \pm \sqrt{n^2}}{2a}$$

que é inteira se, e somente se, $2a$ divide $-b \pm n$.

Voltaremos a demonstrar separadamente que se um número natural n não é quadrado, sua raiz quadrada é um número irracional (veja Exercício 49 do Capítulo 2).

(2) Mostre as alternativas seguintes para os números racionais.

(a) A soma de dois números racionais é racional.

(b) O produto de dois números racionais é racional.

(c) Entre dois números racionais diferentes existem infinitos números racionais.

(d) Zero é um número racional.

(e) Se $\frac{a}{b}$ é um número racional não nulo, o número $\frac{b}{a}$ é chamado *inverso* de $\frac{a}{b}$. Quando a soma de um número racional não nulo com seu inverso é um número inteiro? É possível dar uma condição necessária e suficiente para que $\frac{a}{b}+\frac{b}{a}$ seja um número inteiro?

(f) Mostre que quando $a, b \in \mathbb{N}$, então, $\frac{a}{b}+\frac{b}{a} > 1$.

(g) Mostre que há uma função bijetora entre os conjuntos $\mathbb{N}$ e $\mathbb{Z}$, $\mathbb{N}$ e $\mathbb{Q}$, respectivamente.

(h) Mostre que existem sequências de números racionais cujos limites são números inteiros.

(i) Mostre que existem sequências de números racionais com limites irracionais.

Sugestão: *$\sqrt{2}$ é irracional. É possível considerar uma sequência $\{a_n\}$ de números racionais definida por: $a_0 = 1$ e $a_{n+1} = \frac{4a_n}{2+{a_n}^2}$. Mostre que essa sequência é crescente e tem uma cota superior, de moda que $a_n^2 < 2$ para todo número natural n. Para obter maiores detalhes e generalizações, veja o livro* [Sho uvc].

(j) Sejam a, b, c e d números inteiros com b e d não nulos. Mostre que a equação

$$bdx^2 - (ad + bc)x + ac = 0$$

possui raízes racionais.

(k) Dê uma condição necessária e suficiente para que uma equação quadrática com coeficientes inteiros possua raízes racionais.

Solução. Considere os itens (a) e (b). Se r_1 e r_2 são dois números racionais, então, eles têm a forma $\frac{a_1}{b_1}$ e $\frac{a_2}{b_2}$, respectivamente. Daí, a soma e o produto deles são também números racionais. Veja as explicações depois da Definição 1.1.

(c) Sejam r_1 e r_2 dois números racionais, tal que $r_1 < r_2$. Então, o número $s_1 = \frac{r_1+r_2}{2}$ é entre r_1 e r_2 e é racional. Agora, definimos a sequência $s_n = \frac{s_{n-1}+r_2}{2}$, com $n = 2, \cdots$. Esta é uma sequência infinita, seus elementos ficam entre r_1 e r_2 (pode-se utilizar a Indução Matemática para provar este fato) e os elementos dessa sequência são todos racionais.

(d) Zero pode ser representado como uma fração $\frac{0}{b}$, onde b é qualquer inteiro não nulo. Portanto, zero é racional, pois é uma fração de dois inteiros.

(e) Isso é o mesmo que perguntar quando $x = \frac{a^2+b^2}{ab}$ é um número inteiro, uma vez que a e b são inteiros não nulos. Uma resposta preliminar é que ab tem que dividir $a^2 + b^2$(pode-se provar que, neste caso, ab tem que dividir $(a + b)^2$ também, pois $(a + b)^2 = a^2 + b^2 + 2ab$). Outra maneira de estudar essa questão é mostrar que se n e r são dois números, tal que n é inteiro e r é racional, mas não inteiro, então, a soma $n + r$ não é inteira (de fato, se essa soma fosse inteira, digamos igual a m, então, $r = m - n$ teria que ser um inteiro, e isso é impossível). Logo, podemos notar que se uma das frações $\frac{a}{b}$ ou $\frac{b}{a}$ fosse inteira, a outra também teria que ser. Portanto, uma maneira para que x seja inteiro é que $a|b$ e $b|a$ Daí, $b = ak$ e $a = bt$ para alguns números inteiros não nulos k e t, respectivamente. Isso implica que $kt = 1$. Mas, o produto de dois números inteiros é 1 se, e somente se, ambos são iguais a 1 ou os dois iguais a -1. Logo, $a = \pm b$.

(f) Para provar que $\frac{a}{b}+\frac{b}{a}>1$, notamos que $\frac{a}{b}+\frac{b}{a}=\frac{a^2+b^2}{ab}$. O numerador dessa fração é maior que seu denominador, pois $a^2+b^2-ab=(a-b)^2+ab$. Essa soma para os números naturais a e b é sempre positiva. Outra maneira de responder essa questão é considerar três casos, nos quais $a>b$, $a<b$ ou $a=b$. Em todos os casos, o resultado desejado é verdadeiro.

(g) Veja o livro [Sho alg1], páginas 20-21.

(h) Considere a fração $\frac{1}{1+n}$. Ela define uma sequência cujo limite, quando n tende para o infinito, é igual a 0.

(i) Considere a sequência infinita $a_0=1$ e $a_{n+1}=\frac{4a_n}{2+{a_n}^2}$. Provaremos que $a_{n+1}<2$ para todo número natural n. Isto é o mesmo que provar $\frac{4a_n}{2+{a_n}^2}<2$ ou que $4+2a_n^2-4a_n>0$ para todo número natural n. Mas, o lado esquerdo dessa desigualdade é a soma $(2-a_n)^2+a_n^2$ e é sempre positivo. Agora, para provar que a referida sequência é crescente, devemos mostrar que $a_{n+1}\geq a_n$. Para tanto, provaremos que $\frac{4a_n}{2+{a_n}^2}>a_n$. Mas essa desigualdade é verdadeira, pois como foi provado acima, todos os termos da referida sequência são menores que 2. Quando n tende para o infinito, ambos os termos a_{n+1} e a_n tendem para o mesmo número, digamos γ. Portanto, quando n tende para o infinito, temos que $\frac{4a_n}{2+{a_n}^2}=\gamma$. Isso implica que no infinito, $\gamma^2=2$. Logo, $\lim_{n\to\infty}a_n=\sqrt{2}$.

(j) O discriminante é $(ad-bc)^2$. Isso explica a solução.

(k) A raiz quadrada da discriminante da referida equação deve ser não negativa e racional.

(3) Mostre que quando um número real x satisfaz a condição $0<x<1$, então, o chão $\lfloor x^n \rfloor=0$ para todo número natural n.

Solução. Quando $0<x<1$, então, para todo número natural n, também vale a desigualdade $0<x^n<1$. Por isto, vale o resultado desejado.

(4) Mostre que todo número real x, que não é inteiro, pode ser escrito como $x = \lfloor x \rfloor + x_0$, onde x_0 é um número real positivo menor que 1.

Solução. Iremos considerar um exemplo. Se $x = 8{,}3$, temos que $8{,}3 = 8 + 0{,}3$. Isso está de acordo com o resultado desejado. Se $x = -8{,}5$, então, $-8{,}5 = -9 + 0{,}5$, que também é de acordo com o mesmo resultado. Em geral, notamos que

$$x_0 = x - \lfloor x \rfloor$$

de modo que pela definição de chão, se x é positivo, então, x_0 também é, e se x é negativo, então, sabendo que o valor absoluto $| \lfloor x \rfloor | > |x|$, também temos que x_0 é positivo.

(5) Seja a um número inteiro e x um número real. Mostre que

$$\lfloor a + x \rfloor = a + \lfloor x \rfloor .$$

Solução. Se x é um número inteiro, o resultado é óbvio. Suponhamos, então, que x não seja inteiro. Se $x > 0$, então, existe um número real positivo x_0 menor que 1, tal que $a + x - x_0$ seja um número inteiro. Logo, temos que

$$\lfloor a + x - x_0 \rfloor = a + x - x_0 = a + \lfloor x - x_0 \rfloor = a + \lfloor x \rfloor .$$

Se $x < 0$, a igualdade do exercício também vale.

(6) Mostre que para todo número real x, vale um dos seguintes:

$$\lceil x \rceil - \lfloor x \rfloor = 0 \text{ ou } \lceil x \rceil - \lfloor x \rfloor = 1.$$

Solução. Quando x é um número inteiro, seu chão e teto são iguais a x, portanto, vale a primeira igualdade. Quando x é um número real cuja parte decimal (ou fracionária) é não nula, a definição de teto e chão nos mostra que eles são inteiros consecutivos. Por isso, a diferença entre eles é 1. Neste caso, vale a segunda igualdade.

(7) Mostre que para todo número natural n e todo número real positivo x vale a desigualdade $\lfloor nx \rfloor \geq n \lfloor x \rfloor$.

Solução. Consideraremos os seguintes casos: Se x é um número inteiro, a desigualdade é uma igualdade e, portanto, verdadeira. Se $0 < x < \frac{1}{n}$, também a desigualdade é uma igualdade e os dois lados zero. Se $x \geq \frac{1}{n}$, o lado esquerdo da desigualdade é maior ou igual a 1 enquanto o lado direito é menor ou igual a 1. Se $x < 0$ e $|x| \leq \frac{1}{n}$, a desigualdade é verdadeira (neste caso, o lado esquerdo é um número negativo maior ou igual ao número negativo do lado direito). Se $x < 0$ e $|x| \geq \frac{1}{n}$, também a desigualdade é verdadeira.

Podemos similarmente provar que para o teto vale a seguinte desigualdade invertida:

$$\lceil nx \rceil \leq n \lceil x \rceil .$$

(8) Mostre que para todo número real x e todo número real y valem as seguintes:

$$\lceil x+y \rceil \leq \lceil x \rceil + \lceil y \rceil \quad (\textit{desigualdade de triângulo})$$
$$\lfloor x+y \rfloor \geq \lfloor x \rfloor + \lfloor y \rfloor \quad (\textit{desigualdade antitriângulo})$$

Solução. Consideraremos os casos diferentes para estudar a primeira desigualdade. Se x e y são inteiros, a desigualdade é uma igualdade, pois pela definição de teto de um número real sabemos que para um inteiro a vale $\lceil a \rceil = a$. Logo,

$$\lceil x+y \rceil = x+y = \lceil x \rceil + \lceil y \rceil .$$

Agora, suponhamos que x e y sejam números positivos que não são inteiros. Sejam i_x e i_y suas partes inteiras, respectivamente. Daí, temos que

$$\lceil x \rceil = i_x + 1, \lceil y \rceil = i_y + 1.$$

Notamos que $x + y$ pode ser um número inteiro. Neste caso, a soma das partes inteiras de x e y não é necessariamente igual à parte inteira da soma deles (por exemplo, seja $x = 2{,}5$ e $y = 3{,}5$. Temos que $x + y = 6, i_x = 2$ e $i_y = 3$. Mas, $i_{(x+y)} = 6 \neq i_x + i_y = 2 + 3 = 5$). Porém, temos que $i_{(x+y)} \leq i_x + i_y + 1$. Então, temos que $\lceil x+y \rceil \leq i_{(x+y)} + 1$ (por exemplo, $6 = \lceil 2{,}5 + 3{,}5 \rceil = 2 + 3 + 1$). Logo,

$$\lceil x+y \rceil \leq i_{(x+y)} + 1 \leq i_x + i_y + 1 + 1 = \lceil x \rceil + \lceil y \rceil .$$

Para um número negativo x podemos definir sua parte inteira como a negativa da parte inteira do seu valor absoluto:

$i_x = -i_{|x|}$.

Neste caso, temos que

$$\lceil x \rceil = i_x.$$

Por exemplo, $i_{-2,5} = -i_{2,5} = -2$ ou $i_{-0,5} = -i_{0,5} = -0$. E

$-2 = \lceil -2,5 \rceil = -i_{2,5} = -2$.

Por outro lado, para $x < 0$ e $y < 0$, temos a desigualdade seguinte:

$$i_{x+y} \leq i_x + i_y$$

pois $x + y$ pode ser um número inteiro (por exemplo, $i_{-2,5-0,5} = i_{-3} = -3$ e $i_{-2,5} = -2$, $i_{-0,5} = 0$). O leitor deve notar a nossa definição das partes inteiras de números. Logo,

$$\lceil x+y \rceil \leq i_{(x+y)} \leq i_x + i_y = \lceil x \rceil + \lceil y \rceil .$$

Se $x < 0, y > 0$ e $x + y > 0$, temos que $x + y \leq |x| + y$. Daí,

$$\lceil x+y \rceil \leq \lceil |x| + y \rceil \leq \lceil |x| \rceil + \lceil y \rceil + 1 = \lceil x \rceil + \lceil y \rceil .$$

Se $x < 0$, $y > 0$ e $x + y < 0$, temos também que $i_{x+y} \leq i_x + i_y$. Isso nos leva à desigualdade desejada do exercício.

A segunda desigualdade do exercício é similarmente provada.

(9) Mostre que para todo número real x vale a seguinte igualdade:

$$\lceil x \rceil = -\lfloor -x \rfloor .$$

Solução. Para iniciar, notamos que se x é um número inteiro, a referida igualdade é verdadeira. Por outro lado, pelas notações da solução do Exercício 8 para um número real $x > 0$, temos que $\lfloor x \rfloor = i_x$ e $\lfloor -x \rfloor = -i_x - 1$. Mas, pela mesma solução, temos que $\lceil x \rceil = i_x + 1$. Portanto, para $x > 0$, a referida igualdade é correta. Quando $x < 0$, pela solução do Exercício 8, temos que $\lceil x \rceil = i_x$ e, neste caso, $\lfloor -x \rfloor = -i_x$. Isso também mostra que a referida igualdade do exercício é correta.

(10) Mostre que para todo número n natural, o número $n^2 - n$ é divisível por 2.

Solução. Podemos escrever $n^2 - n = n(n-1)$. Quando n é par, este produto é divisível por 2. Quando n é ímpar, o número $n - 1$ é par e, portanto, de novo o produto é divisível por 2.

Notamos que a questão desse exercício pode ser estendida aos números inteiros n, em vez dos naturais. Também uma questão semelhante é mostrar que a soma $n^2 + n$ é sempre par para todo número natural ou inteiro n.

(11) Mostre que se n é um número ímpar, então, $n^2 - 1$ é um número par.

Solução. Existem pelo menos duas maneiras de resolver este exercício. Temos que $n^2 - 1 = (n-1)(n+1)$. Quando n é ímpar, sempre os dois fatores do lado direito da igualdade são números pares. Portanto, o produto deles é par. Outra solução é dizer que se n é ímpar, então, ele tem a forma $2k + 1$ para algum inteiro k. Daí, $n^2 - 1 = 4k^2 + 4k$. Obviamente, esta soma é divisível por 2. Logo, além do ser par, também é divisível por 4.

(12) Mostre que o quadrado de um número ímpar é ímpar e o quadrado de um número par é par.

Solução. Estes números podem ser escritos como $2k + 1$ e $2k$, respectivamente. Portanto, para seus quadrados valem as seguintes

$$(2k+1)^2 = 4k^2 + 4k + 1, (2k)^2 = 4k^2,$$

respectivamente. Isso mostra o resultado desejado.

(13) Dois números inteiros têm a mesma *paridade* se ambos são pares ou ímpares. Mostre que quando a e b são dois números inteiros com a mesma paridade, então, $a - b$, $a + b$ e $a^2 - b^2$ são números pares e a paridade de ab é igual à paridade de a e b.

Solução. Se a e b são inteiros ímpares, então, existem inteiros m e k, tal que $a = 2m + 1$ e $b = 2k + 1$, respectivamente. Logo, a diferença $a^2 - b^2 = 4m^2 + 4m - 4k^2 - 4k$. Isto, além de ser par, também é divisível por 4. Por outro lado, o produto $ab = 4mk + 2m + 2k + 1$ é ímpar. Quando a e b são pares, o produto deles é par.

(14) Calcule o número de algarismos de 50.

Solução. Pela fórmula (1.5) do livro [Sho utn], a resposta é 2.

O objetivo desse exercício é calcular o número de algarismos pela fórmula (1.5). De fato, temos que $\log_{10} 50$ é aproximadamente 1,70. Portanto, seu chão é 1 e daí, pela fórmula (1.5), o número de algarismos é 2.

(15) O número 50! termina com quantos zeros?

Resposta. 12. Para obter uma teoria geral sobre a quantidade de zeros com que n! termina, veja o próximo capítulo. Basicamente, o Lema 2.14.

(16) Calcule uma fórmula geral para $\| n! \|$.

Solução. $\log_{10}(n!) = \sum_{k=2}^{n} \log_{10}(k!)$. Portanto, a fórmula geral desejada é

$$\| n! \| = 1 + \left\lfloor \sum_{k=2}^{n} \log_{10}(k!) \right\rfloor .$$

(17) Calcule $\|2^{200}\|$.

Solução. Consideraremos o valor do logaritmo $\log_{10} 2$, que é aproximadamente igual a 0,30102999. Com isto, temos que

$$\| 2^{200} \| = 1 + \lfloor 200 \cdot 0{,}30102999 \rfloor = 60.$$

(18) Quais são os últimos algarismos do lado direito (unidade) dos seguintes números?

$$2^1, 2^2, 2^3, \cdots, 2^{200}.$$

É possível achar uma fórmula geral para dizer qual é a unidade de 2^n?

Solução. A resposta é:

$$\text{Unidade de } 2^n = \begin{cases} 2 \text{ se } n = 1 \text{ e, em geral, se } n = 4k+1; \\ 4 \text{ se } n = 2 \text{ e, em geral, se } n = 4k+2; \\ 8 \text{ se } n = 3 \text{ e, em geral, se } n = 4k+3; \\ 6 \text{ se } n = 4 \text{ e, em geral, se } n = 4k, \end{cases}$$

onde k varia no conjunto de números naturais. Para demonstrar que esta é a resposta correta, pode-se aplicar a Indução Matemática. Explicaremos isto somente num caso, para quando a unidade é 2. A indução está baseada nos números com a forma $4k+1$. Suponhamos que para um número com a forma $4k+1$, o resultado seja verdadeiro. Então, provaremos que para o próximo número $4(k+1)+1$, também o resultado é verdadeiro. Neste sentido, precisamos calcular $2^{4(k+1)+1}$. Temos que

$$2^{4(k+1)+1} = 2^{4k+5} = 2^{4k+1+4} = 2^{4k+1} \times 2^4.$$

Enquanto 2^{4k+1} é um número natural cujo algarismo final é 2, multiplicá-lo por $2^4 = 16$, resulta num número cujo unidade é o produto da unidade de 16 e 2. Isto é a unidade 2 de novo.

(19) Ache um número de forma 2^n com 121 algarismos. É possível achar um número dessa forma com k algarismos?

Solução. Em geral, sempre existe um número com a referida forma e de k algarismos, pois a fórmula (1.5) para um dado $\| 2^n \| = k$ tem solução. Para $k = 121$, temos que $n = 399$.

(20) Quais números são as possíveis unidades de $3^m, 4^m, 5^m, 6^m, 7^m, 8^m$ e 9^m?

Solução. Iremos considerar somente um caso:

$$\text{Unidade de } 3^m = \begin{cases} 3 \text{ se } m = 1 \text{ e, em geral, se } m = 4k+1; \\ 9 \text{ se } m = 2 \text{ e, em geral, se } m = 4k+2; \\ 7 \text{ se } m = 3 \text{ e, em geral, se } m = 4k+3; \\ 1 \text{ se } m = 4 \text{ e, em geral, se } m = 4k. \end{cases}$$

21) Mostre que para todo número natural n, o número $3^{n^2} + 1$ é par.

Solução. Pelo exercício precedente, a unidade de 3^{n^2} é $3, 9, 7$ ou 1. Somando com 1, a unidade de $3^{n^2} + 1$ é $4, 0, 8$ ou 2, respectivamente. Portanto, o referido número é par.

(22) Mostre que os números $2^n + 1$ e $2^n - 1$ sempre são ímpares.

Solução. 2^n é sempre par. Portanto, uma unidade a mais ou a menos em relação a ele implica num número ímpar.

(23) Para qual (quais) número(s) n, a unidade do número $2^n + 2$ é zero?

Solução. Quando a unidade de 2^n é 8, a unidade do referido número é zero. De acordo com o Exercício 18, este é o caso quando o número n tem a forma $4k + 3$.

(24) De quantas maneiras é possível calcular2^{201}? Qual é o caminho mais curto?

Solução. O objetivo deste exercício é mostrar um algoritmo de exponenciação num computador abstrato, ou um passo na direção dos métodos computacionais na teoria dos números, basicamente para o que é conhecido como pequeno teorema de Fermat nos testes de primalidade. Uma maneira de calcular 2^{201} sem aplicar programas do computador é o seguinte:

$$2^2 = 4, (2^2)^2 = 2^4, (2^4)^2 = 2^8, (2^8)^2 = 2^{16}, (2^{16})^2 = 2^{32};$$
$$(2^{32})^2 = 2^{64}, (2^{64})^2 = 2^{128}, 2^{128} \cdot 2^{64} = 2^{192};$$
$$2^{192} \cdot 2^8 = 2^{200}, 2^{200} \cdot 2 = 2^{201}.$$

Neste cálculo, somente foram aplicadas sete operações para computar o quadrado (que é a multiplicação consigo mesmo) dos números e três operações de multiplicação de números diferentes.

(25) Para dois números naturais m, n, definimos o conjunto chamado *divisores comum* por

$$Div(m,n) = \{d \in \mathbb{N} |\ d|m \text{ e } d|n\}.$$

(a) Mostre que $Div(m,n) = Div(m) \cap Div(n)$.

(b) Mostre que dois números m e n são coprimos se, e somente se, $Div(m,n) = \{1\}$.

(c) Mostre que $Div(m) \cap Div(n) \subseteq Div(m-n)$ e $Div(m) \cap Div(n) \subseteq Div(m+n)$.

(d) Mostre que $Div(m+n) \cap Div(m-n) \subseteq Div(2m, 2n)$.

Solução. Se $x \in Div(m) \cap Div(n)$, então, $x|m$ e $x|n$. Isso é o mesmo que $m = kx$ e $n = \ell x$ para alguns números inteiros k e ℓ. Logo, $m + n = (k + \ell)x$. Portanto, $x|m + n$.

Os outros itens também podem ser facilmente resolvidos.

(26) Mostre que para todo número natural k vale a igualdade:

$$Div(2^k + 1, 2^{k+2} + 1) = \{1, 3\}.$$

Solução. Se $x \in Div(2^k + 1, 2^{k+2} + 1)$, então, $x|(2^k + 1)$ e $x|(2^{k+2} + 1)$.

Portanto, $x|2^{k+2} - 2^k$. Logo, $x|2^k(4-1)$. Isso é o mesmo que dizer que x divide 2^k ou 3. Mas, x não pode ser par, pois ele é divisor dos números ímpares $2^k + 1$ e $2^{k+2} + 1$. Logo, $x = 3$. Um caso é quando $k = 1$, pois para esse valor, temos que $2^k + 1 = 3$ e $2^{k+2} + 1 = 9$, respectivamente. Mas, $x = 1$ também; por exemplo, este é o caso quando $k = 2$, onde temos que $2^k + 1 = 5$ e $2^{k+2} + 1 = 17$, respectivamente.

(27) Mostre que para todo número natural k vale a igualdade:

$$Div(2^k - 1, 2^{k+2} - 1) = \{1, 3\}.$$

Solução. Igual ao exercício precedente.

(28) Você consegue achar alguns valores de k, tal que $2^k + 1$ seja um múltiplo de 3? Consegue achar todos?

Solução. Obviamente, para $k = 1$, o número $2^k + 1$ é igual a 3, então, é um múltiplo de 3. Quando $k > 1$, o referido número é maior que 3. Para $k = 3, k = 5,\ k = 9$, o número em questão é um múltiplo de 3. Conjecturamos que quando k tem a forma $4\ell + 1$, o referido número é sempre divisível por 3. Para provar nossa conjectura, aplicamos a Indução Matemática a respeito de ℓ. Devemos provar que se $2^{4\ell+1} + 1$ é divisível por 3, então, seu próximo, o número $2^{4(\ell+1)+1} + 1$, também é divisível por 3. Notamos que

$$2^{4(\ell+1)+1} + 1 = \left(2^{4\ell+1} + 1\right)2^4 - 2^4 + 1.$$

O primeiro número do lado direito da igualdade possui um fator que, pela nossa suposição, é divisível por 3 e ainda o número $-2^4 + 1 = -15$ é divisível por 3. Logo, o número do lado direito, então, do lado esquerdo da igualdade é um múltiplo de 3. Isso prova a nossa conjectura.

(29) Ache todos os números naturais n entre 1 e 100, tal que

$$\sum_{k \in Div(n)} k = n.$$

Solução. Todo número n, exceto 1, possui dois divisores distintos, que são n e 1. Portanto, exceto 1, não existe outro divisor natural com a propriedade desejada.

(30) Ache alguns valores para k, tal que $3^k + 1$ seja um múltiplo de 2. Consegue achar todos esses?

Solução. Para todo número natural k, a soma $3^k + 1$ é divisível por 2. De fato, $3^k + 1 = (2 + 1)^k + 1$ e a expansão binômio de $(2 + 1)^k$ mostra que todos os seus termos são um múltiplo de 2, exceto o último, que é 1. Então, a referida soma é um múltiplo de 2.

(31) Calcule os seguintes:

$$[-1000, -1200], [1000, -1200], [1000, 1200], [-1000, 1200].$$

Calcule $[2^5 \cdot 3^8, 4^2 \cdot 9^3]$. Calcule $[2^k + 1, 2^{k+2} + 1]$ para todos os números ímpares k de 1 até 10. Isso pode ser feito para todos os números ímpares naturais?

Solução. Iremos calcular o seguinte máximo divisor comum:

$$[2^5 \cdot 3^8, 4^2 \cdot 9^3] = [2 \cdot 4^2 \cdot 3^8, 4^2 \cdot 3^6] = 4^2 \cdot 3^6 = 11664.$$

E de acordo com o Exercício 26, o máximo divisor comum $[2^k + 1, 2^{k+2} + 1] = 3$ para todo número natural k. Quando k é ímpar, a solução do referido exercício mostra que ainda o máximo divisor comum é 3.

(32) Calcule $[2^k + 1, 2^k - 1]$ para todo número natural k. Calcule $[3^k - 1, 2^k]$ para todo número natural k de 1 até 10. Ache uma fórmula geral para esse máximo divisor comum para todo número natural k. Qual é o máximo divisor comum quando k é ímpar?

Solução. Os números $2^k + 1$ e $2^k - 1$ são ímpares para todo número natural k. Se $m > 1$ é um divisor de ambos os números, então, m também tem que dividir a soma $2^k + 1 + 2^k - 1 = 2^{k+1}$. Logo, m é par. Mas, os referidos dois números são ímpares, portanto, há somente uma possibilidade: $m = 1$.

No caso do máximo divisor comum $[3^k - 1, 2^k]$, notamos que a expansão binômio de $3^k - 1 = (2 + 1)^k - 1$ rende uma soma onde todos os seus termos possuem o fator 2^k, que é a menor potência de 2 quando k é par e 2, quando k é ímpar. Portanto:

$$[3^k - 1, 2^k] = \begin{cases} 2^k \text{ se } k \text{ é par;} \\ 2 \text{ se } k \text{ é ímpar.} \end{cases}$$

(33) Para três números inteiros ou mais, $a_1, a_2, \cdots, a_n$, definimos o máximo divisor comum entre eles (a ser chamado de *máximo divisor comum*) como

$$[a_1, a_2, \cdots, a_n] = [a_1, [a_2, \cdots, a_n]].$$

(1) Mostre resultados semelhantes à Proposição 1.18 para o máximo divisor comum $[a_1, a_2, \cdots, a_n]$.

(2) Calcule $[102, 1002, 10002]$.

(3) Calcule $[2^k, 2^k - 1, 2^k - 2, 2^k - 3]$ para todo número natural k.

Solução. Consideremos apenas o item (3). O máximo divisor comum desejado é 1, pois os primeiros dois números são primos entre si por razão de que o primeiro é sempre par e segundo, ímpar. Para ter um melhor entendimento, notamos que a operação de calcular o máximo divisor comum é uma *operação associativa* no sentido de que

$$[a_1, a_2, a_3, a_4] = [[a_1, a_2], a_3, a_4] = [[a_1, a_2, a_3], a_4] = [a_1, [a_2, a_3, a_4]].$$

(34) Calcule os seguintes mínimos múltiplos comuns:

$$\langle -524, 243\rangle, \langle 7^3 \cdot 2^8, 7^2 \cdot 5\rangle, \langle 291, -3\rangle.$$

Solução. Primeiro, denotaremos o mínimo múltiplo comum de dois números inteiros a e b por $\langle a, b\rangle$, que é um pouco diferente da notação do livro [Sho utn].

As respostas são 524 e 243, que são primos entre si. Por isso, o produto deles, que é 127332, é igual ao mínimo múltiplo comum deles. No segundo caso, $\langle 7^3 \cdot 2^8, 7^2 \cdot 5\rangle = 7^3 \cdot 2^8 \cdot 5$. No terceiro caso, $\langle 291, -3\rangle = 291$.

(35) Calcule $\langle 2^k - 1, 2^k + 1\rangle$ para todo número natural k.

Solução. O dois números $2^k - 1$ e $2^k + 1$ são coprimos entre si. Portanto, o mínimo múltiplo comum é o produto deles, que é $2^{2k} - 1$.

(36) Calcule $\langle 5^k - 3^k, 2\rangle$ para todo número natural k.

Solução. O número $5^k - 3^k$ é par para todo número natural k. De fato, a expansão binômio de $(3 + 2)^k - 3^k$ mostra que ela é formada pelos múltiplos de 2. Portanto, $5^k - 3^k$ e 2 têm um divisor comum igual a 2. Então, o referido mínimo múltiplo comum é igual a $5^k - 3^k$.

(37) Para três números inteiros ou mais $a_1, a_2, \cdots, a_n$, definimos o *mínimo múltiplo comum* como

$\langle a_1, a_2, \cdots, a_n\rangle = \langle a_1, \langle a_2, \cdots, a_n\rangle\rangle$.

(a) Mostre um resultado semelhante ao Corolário 1.35.

(b) Mostre um resultado semelhante ao Teorema 1.39 para o mínimo múltiplo comum dos números $a_1, a_2, \cdots, a_n$.

(c) Mostre um resultado semelhante ao Corolário 1.31 para o máximo divisor comum de $a_1, a_2, \cdots, a_n$.

Solução. Primeiro, resolveremos o item (c). Consideramos o caso particular de três inteiros a, b e c. Temos que $[a, b, c] = \big[[a, b], c\big]$. Portanto, de acordo com o Corolário 1.31, temos que: $[a, b, c] = [a, b]r_1 + ct$ para alguns números inteiros r_1 e t. Daí, de novo, pelo mesmo corolário, temos que $[a, b] = ar_2 + bs_1$. Logo, a igualdade precedente implica que

$$[a, b, c] = ar_2r_1 + bs_1r_1 + ct.$$

Definindo $r = r_2r_1, s = s_1r_1$, podemos reescrever a igualdade anterior como

$$[a, b, c] = ar + bs + ct$$

para alguns números inteiros r, s e t.

No caso geral para n números inteiros $a_1, a_2, \cdots, a_n$. pode-se aplicar a Indução Matemática. Suponhamos que para $n-1$ números inteiros $a_1, a_2, \cdots, a_{n-1}$, vale a seguinte igualdade:

$$[a_1, a_2, \cdots, a_{n-1}] = a_1r_1 + a_2r_2 + \cdots + a_{n-1}r_{n-1}.$$

Iremos provar um resultado semelhante à igualdade precedente que também vale para n números $a_1, a_2, \cdots, a_n$. De fato, temos o seguinte:

$$[a_1, a_2, \cdots, a_{n-1}, a_n] = \big[[a_1, a_2, \cdots, a_{n-1}], a_n\big] = [a_1, a_2, \cdots, a_{n-1}]t + a_n s$$
$$= (a_1r_1 + a_2r_2 + \cdots + a_{n-1}r_{n-1})t + a_ns_n$$

para alguns números inteiros $r_1, \cdots, r_{n-1}, t$ e s_n. Após definir $r_it = s_i$ para todo $i = 1, \cdots, n-1$, temos a seguinte igualdade:

$$[a_1, a_2, \cdots, a_{n-1}] = a_1s_1 + a_2s_2 + \cdots + a_{n-1}s_{n-1} + a_ns_n.$$

Para resolver o item (b), seguimos os passos da demonstração do Teorema 1.39. Definimos $k = \frac{abc}{[a,b,c]}$. Logo, k é um múltiplo de a, um múltiplo de b e um múltiplo de c. Isso implica que $k \geq \langle a,b,c \rangle$. Se $m = \langle a,b,c \rangle$, iremos calcular a fração $\frac{m}{k}$. A definição nossa de k implica que $k \geq m$ e que:

$$\frac{m}{k} = \frac{m[a,b,c]}{abc}.$$

Agora, temos as seguintes igualdades:

$$\frac{m}{k} = \frac{m(ar+bs+ct)}{abc} = \frac{mar}{abc} + \frac{mbs}{abc} + \frac{mct}{abc} = u_1 r + u_2 s + u_3 t \in \mathbb{Z}.$$

Então, $k|m$. Daí, $k \leq m$. Essa desigualdade, junto com $k \geq m$, implica que $k = m$.

Deixaremos o item (a) para o leitor.

(38) Resolva os seguintes itens usando a Indução Matemática.

(a) $2 + 4 + 6 + \cdots + 2n = n(n+1)$.

(b) $1 + 3 + 5 + \cdots + 2n - 1 = n^2$.

Solução. Iremos provar o item (b). Seja $I(n)$ a proposição da igualdade de soma dos primeiros n números ímpares. Essa proposição é verdadeira para $n = 1$, pois $1 = 1$. Então, da proposição $I(n)$, temos que deduzir que a proposição $I(n+1)$ é verdadeira também. Para isso, somamos $2n + 1$ em ambos os lados de $I(n) = n^2$. Logo, temos que

$$1 + 3 + 5 + \cdots + 2n - 1 + 2n + 1 = n^2 + 2n + 1 = (n+1)^2.$$

Portanto, $I(n+1)$ é verdadeira. Isso prova o resultado desejado. O item (a) pode ser resolvido com o mesmo procedimento.

(39) Sem usar a Indução Matemática, deduza o item (b) do item (a) no exercício precedente.

Solução. Utilizamos o Exemplo 1.21 para calcular a soma dos primeiros $2n$ números naturais. Temos que

$$S(2n) = 1 + 2 + \cdots + n + \cdots + 2n - 1 + 2n = \frac{2n(2n+1)}{2} = 2n^2 + n.$$

Agora, pelo item (a), temos que

$$P(n) = 2 + 4 + \cdots + 2n = n(n+1).$$

Subtraindo $P(n)$ de $S(2n)$, temos que

$$S(2n) - P(n) = 2n^2 + n - n^2 - n = n^2.$$

Isso é o resultado desejado.

(40) Mostre as seguintes identidades usando a Indução Matemática:

(a) $3 + 6 + 9 + \cdots + 3n = \frac{3}{2}n(n+1)$

(b) $2 + 5 + 8 + \cdots + 3n - 1 = \frac{3n^2+n}{2}$.

(c) $1 + 4 + 7 + \cdots + 3n - 2 = \frac{3n^2-n}{2}$.

Solução. Considere o item (a). Seja $S(n)$ a proposição da igualdade de soma $3 + 6 + 9 + \cdots + 3n = \frac{3}{2}n(n+1)$. Para $n = 1$, esta proposição é verdadeira, pois $3 = 3$. Iremos supor que $S(n-1)$ é verdadeira. Somamos $3n$ em ambos os lados da igualdade $S(n-1)$. Logo, temos que

$$3 + 6 + \cdots + 3n - 3 + 3n = \frac{3}{2}(n-1)(n) + 3n.$$

Somando o lado direito, temos que

$$3 + 6 + \cdots + 3n - 3 + 3n = \frac{3}{2}(n)(n+1).$$

Isso mostra que $S(n)$ é verdadeira.

Este exercício também poderia ser resolvido por meio da fatoração de 3 da soma do lado esquerdo de $S(n)$, que implica em $3(1 + 2 + \cdots + n) = \frac{3}{2}n(n+1)$ pelo Exemplo 1.21. Os outros itens são deixados para o leitor.

(41) Sem usar a Indução Matemática, deduza os itens (b), (c) do item (a) no exercício precedente.

Solução. A solução é igual ao Exercício 39.

(42) Seja k um número natural. Por meio da Indução Matemática, mostre que

$$k + (k + 1) + (k + 2) + \cdots + (k + n) = (n + 1)\left(k + \frac{n}{2}\right).$$

Solução. Basta notar que no lado esquerdo da igualdade, existem $n + 1$ número k. Logo, o lado esquerdo é a soma de $k(n + 1)$ com a soma dos primeiros n números naturais. Agora, pode-se aplicar o Exemplo 1.21 do livro [Sho utn].

(43) Sejam a e b números naturais. Por meio da Indução Matemática, mostre que

$$b + a + b + 2a + b + \cdots + na + b = (n + 1)\left(b + \frac{na}{2}\right).$$

Solução. Igual à solução do exercício precedente.

(44) Seja a um número natural. Por meio da Indução Matemática, mostre que

$$a + a^2 + a^3 + \cdots + a^n = a \cdot \frac{1-a^n}{1-a} \text{ para todo } n \in \mathbb{N}.$$

Solução. A igualdade é verdadeira para $n = 1$. Suponhamos que ela seja verdadeira para um n geral. Então, por meio desta suposição, mostraremos que ela também é verdadeira para o caso $n + 1$. Para isso, basta somar os dois lados da igualdade para o caso n com o número a^{n+1}. Assim, temos o resultado desejado.

(45) Demonstre o mesmo do exercício anterior sem aplicar a Indução Matemática.

Solução. Para resolver esta questão sem utilizar a Indução Matemática, multiplicamos o lado esquerdo por $1 - a$ e notamos que o resultado da multiplicação é $a(1 - a^n)$.

(46) Por meio da Indução Matemática, mostre que para todo número natural a e n, vale a identidade seguinte:

$$1 - a + a^2 - \cdots + (-1)^n a^n = \frac{1+(-1)^n a^{n+1}}{1+a}.$$

Solução. A solução por meio da Indução Matemática está baseada eventualmente em demonstrar que

$$1 - a + a^2 - \cdots + (-1)^n a^n + (-1)^{n+1} a^{n+1} = \frac{1+(-1)^{n+1} a^{n+2}}{1+a}.$$

Mas isso é fácil de demonstrar, pois a soma do lado esquerdo é

$$\frac{1+(-1)^n a^{n+1}}{1+a} + (-1)^{n+1} a^{n+1} =$$
$$\frac{1+(-1)^n a^{n+1} + (-1)^{n+1} a^{n+1} + (-1)^{n+1} a^{n+2}}{1+a},$$

na qual os termos $(-1)^n a^{n+1} + (-1)^{n+1} a^{n+1}$ são cancelados porque $(-1)^n$ e $(-1)^{n+1}$ têm sinais opostos.

(47) Aplicando a Indução Matemática, prove as seguintes identidades:

(a) Para todo número natural n, vale:

$$1^2 + 2^2 + \cdots + n^2 = n(n+1)(2n+1)/6.$$

(b) Para todo número natural n, vale:

$$1^2 + 2^2 + \cdots + n^2 = (1 + 2 + \cdots + n)^2.$$

(c) Para todo número natural n, vale:

$$1 \cdot 2 + 2 \cdot 3 + \cdots + n(n+1) = n(n+1)(n+2)/3.$$

Solução. Iremos considerar o item (a). A igualdade nesse item é verdadeira para $n = 1$. No processo de aplicação da Indução Matemática, precisamos mostrar que quando a referida igualdade é verdadeira para um número natural n, então, ela também é verdadeira para $n + 1$. Portanto, somando os dois lados da igualdade no caso de n com $(n+1)^2$, temos que

$$1^2 + 2^2 + \cdots + n^2 + (n+1)^2 = \frac{n(n+1)(2n+1)}{6} + (n+1)^2$$
$$= \frac{(n+1)(n+2)(2n+3)}{6}$$

Isso prova a validade da referida igualdade para todo n.

(48) Prove uma versão geral do Lema 1.40: sejam $x, a_1, a_2, \cdots, a_n$ números inteiros, tais que

$$[x, a_1] = [x, a_2] = \cdots = [x, a_{n-1}] = 1.$$

Mostre que se x divide o produto $a_1 a_2 \cdots a_n$, então, $x | a_n$.

Solução. Podemos resolver este exercício na seguinte maneira. As condições dadas mostram que nenhum divisor primo de x pode dividir o produto $a_1 a_2 \cdots a_{n-1}$. Logo, o máximo divisor comum $[x, a_1, a_2, \cdots, a_{n-1}] = 1$. Então, uma vez que x divide o produto $(a_2 \cdots a_{n-1}) a_n$, pelo Lema 1.40, temos que $x | a_n$.

(49) Seja i o número complexo $\sqrt{-1}$. Por meio da Indução Matemática, demonstre que para todo número natural n, vale a seguinte identidade de *De Moivre*:

$$(\cos\theta + i \operatorname{sen}\theta)^n = \cos n\theta + i \operatorname{sen} n\theta$$

para todo número real θ.

Solução. Somente apresentamos a solução do último passo da Indução. Devemos demonstrar que multiplicar o lado esquerdo da igualdade por $(\cos\theta + i \operatorname{sen}\theta)^n$ resultará na soma $\cos(n+1)\theta + i \operatorname{sen}(n+1)\theta$. Mas, pelo segundo passo da Indução Matemática, sabemos que a referida igualdade para um número natural n é verdadeira. Então, basta demonstrar que

$$(\cos\theta + i \operatorname{sen}\theta)(\cos n\theta + i \operatorname{sen} n\theta) = \cos(n+1)\theta + i \operatorname{sen}(n+1)\theta.$$

Mas, sabendo multiplicar números complexos, a igualdade precedente é óbvia.

(50) Por meio da fórmula binomial $(a+b)^n$, mostre que para todo número natural k, o resto da divisão de $3^k - 1$ por 2 é sempre zero.

Solução. Considere a expansão binômia de $(2+1)^k$. Ela tem a forma $\sum_{m=0}^{k} \binom{k}{m} 2^m$ que, então, tem a forma $2A + 1$ para algum número natural A. Logo, $3^k - 1 = 2A + 1 - 1 = 2A$. Isso mostra o resultado desejado.

(51) Usando a mesma ideia do exercício precedente, mostre que se o resto da divisão de um número inteiro a por b é 1, então, para todo número natural k, o resto da divisão de a^k por b é 1 também.

Solução. Se $b = 1$, o resto da divisão de a por b é zero. Por isto, iremos supor que $b > 1$. Logo, pela hipótese do exercício, temos que $a = bq + 1$ na divisão de Euclides, onde q é um número inteiro. Aplicando a expansão binômia, temos que

$$a^k = (bq + 1)^k = Ab + 1$$

para algum número inteiro A. A igualdade precedente mostra que o resto da divisão de a^k por b é 1.

(52) Ache o resto da divisão do seguinte número a pelo número b:

$$a = 7^{524} \text{ e } b = 6, a = 7^{524} \text{ e } b = 3;$$

$$a = 7^{524} \text{ e } b = 8, a = 7^{723} \text{ e } b = 8;$$

$$a = 172^{254} \text{ e } b = 3, a = 172^{253} \text{ e } b = 8;$$

$$a = 172^{253} \text{ e } b = 5.$$

Solução. No primeiro dos casos, o resto da divisão de 7 por b é 1. Logo, o resultado do exercício precedente é aplicável e as respostas são 1. No terceiro e quarto caso, onde $b = 8$, a divisão de Euclides não pode ser aplicada para obter a resposta, pois $7 = 8 \cdot 0 + 7$ que mostra o resto é 7. Mas, podemos escrever $7 = 8 - 1$. Na expansão binômia de $7^{524} = (8-1)^{524}$, temos uma soma como $8A + (-1)^{524} = 8A + 1$, onde A é um número natural. Logo, a resposta neste caso é 1. Quando a questão é em relação a 7^{723}, um cálculo semelhante mostra que $7^{723} = 8B - 1$ para algum número natural B. Neste caso, o resto da divisão é 7 (estamos considerando o resto da divisão no sentido do Teorema de Euclides). Deixaremos o leitor resolver os outros itens.

(53) Mostre que o produto de três números consecutivos é divisível por 3.

Solução. Quaisquer três números consecutivos podem ser escritos como uma sequência $a, a-1, a-2$, onde a é um número inteiro. O resto da divisão de a por 3 é $r=1$, $r=2$ ou $r=3$. Logo, no produto $a(a-1)(a-2)$, sempre o resto da divisão de um dos fatores por 3 é zero. Isso mostra que o referido produto é divisível por 3.

(54) Mostre que o produto de k números consecutivos é divisível por k.

Solução. A mesma ideia da solução do exercício precedente é aplicável. Aqui, em vez do número 3, temos que considerar os restos da divisão por k. Notamos que o resto da divisão de um número inteiro a por k é um dos números $0,1,\cdots,k-1$. Por outro lado, o produto de k números consecutivos pode ser reescrito como:

$$a(a-1)(a-2)\cdots(a-k+1)$$

e sempre um dos fatores é divisível por k.

(55) Por meio do Teorema 1.39, calcule os seguintes máximos divisores comuns:

$$[24{,}82],[241,1523],[524,94].$$

Solução. De acordo com o Teorema 1.39, temos que

$$[24{,}82]=\frac{24\times 82}{\langle 24{,}82\rangle}=\frac{24\times 82}{24\times 41}=2.$$

As soluções dos outros itens são semelhantes.

(56) Mostre que os seguintes subconjuntos são ideais de $\mathbb{Z}$:

(a) $I=\{3,6,9,-3,-6,-9,\cdots,3r\}$, onde r varia em todo $\mathbb{Z}$.

(b) $I=\{4k+\ell|\ k,\ell$ variam em todo $\mathbb{Z}\}$.

(c) $I=\{-5a+\ 4b|\ a,b$ variam em todo $\mathbb{Z}\}$.

(d) $I=\{-5a+\ 4b+7c|a,b$ e c variam em todo $\mathbb{Z}\}$.

Solução. Resolvemos o item (d). Se $-5a_1 + 4b_1 + 7c_1$ e $-5a_2 + 4b_2 + 7c_2$ são dois elementos de I do item (d), então, a soma deles também é um elemento do mesmo conjunto, pois a soma tem a forma $-5t + 4s + 7u$ para $t = a_1 + a_2$, $s = b_1 + b_2$, e $u = c_1 + c_2$. Por outro lado, multiplicar um número inteiro x por um número de I resulta num elemento de I como, $-5(ax) + 4(bx) + 7(cx)$. Isso prova que I é um ideal de $\mathbb{Z}$. A solução dos outros itens é semelhante.

(57) Ache o número natural g, tal que os ideais do exercício precedente possam ser representados como $g\mathbb{Z}$ (veja o Lema 1.27).

Solução. Para o item (d) do exercício precedente, $g = 1$, pois ele é o máximo divisor comum dos números do conjunto dos coeficientes $\{-5,4,7\}$ (veja o Corolário 1.31 e o Exercício 37, item (c)). A resposta para o item (a) do exercício precedente é 3 e para os itens (b) e (c) é 1.

(58) Resolva as seguintes equações diofantinas e ache pelo menos três respostas delas:

$$2x + y = 3, 2x + 3y = 1, -x + 5y = 1, -5x + 4y = 8,$$
$$-500x + 35y = 50, 2x + 3y + 4z = 1.$$

Solução. Para $2x + y = 3$, a solução existe, pois $mdc(2,1) = 1$ e $1|3$. Para resolver esta equação, colocamos $y = 3 - 2x$ e permitimos que x varie em todo $\mathbb{Z}$. Isso implica que a solução geral é $x = k$ e $y = 3 - 2k$ para todo $k \in \mathbb{Z}$. Todas as equações dadas neste exercício possuem solução. Resolveremos a quarta equação. Ela pode ser reescrita como $y = 2 + x + \frac{x}{4}$. Sabendo que x e y devem ser números inteiros, então, temos que ter $\frac{x}{4} \in \mathbb{Z}$. Logo, $x = 4k$ para algum $k \in \mathbb{Z}$ como variável. Daí, a solução geral é $x = 4k$ e $y = 2 + 5k$. A última equação também possui solução, pois $mdc(2,3,4) = 1$ e $1|1$. Resolvemos essa equação escrevendo a como $x = \frac{1}{2} - \frac{y}{2} - y - 2z$. Logo, $\frac{1-y}{2}$ tem que ser um número inteiro. Isso implica que $y = 1 - 2k$ para k variável em $\mathbb{Z}$. A solução geral é $x = -1 + 3k - 2z$, $y = 1 - 2k$, onde k e z variam independentemente em todo $\mathbb{Z}$.

(59) Por meio do Corolário 1.31, calcule o máximo divisor comum $[3,8], [-4,2]$ e $[2,3,4]$.

Solução. Neste exercício, iremos conjecturar o máximo divisor comum e provar que nossa conjectura é correta por meio de uma equação diofantina utilizando o Corolário 1.31. Conjecturamos que $[-4,2] = 2$. Para provar que a igualdade é correta, temos que mostrar que a equação $2 = -4r + 2s$ tem solução. De fato, ela possui a solução $r = 0, s = 1$.

(60) Sejam a, b dois números naturais. Mostre que se $b|a$, então, $a\mathbb{Z} \subseteq b\mathbb{Z}$.

Solução. Seja $x \in a\mathbb{Z}$. Então, $x = at$ para algum inteiro t. Mas, $a = bc$ para algum inteiro c, pois $b|a$. Portanto, $x = bct = b(ct)$. Logo, $x \in b\mathbb{Z}$.

(61) Seja p um número primo e $\alpha \in \mathbb{N}$. Calcule os divisores de p^α. Dê uma fórmula para o número de seus divisores. Seja q um número primo diferente de p e $\beta \in \mathbb{N}$. Quantos divisores $p^\alpha q^\beta$ têm?

Solução. Os divisores de p^α são $1, p, \cdots, p^\alpha$, que são $1 + \alpha$ divisor. Para $p^\alpha q^\beta$, o número de seus divisores é $(1 + \alpha)(1 + \beta)$. De fato, os divisores podem ser listados como uma matriz:

1	p	$\cdots$	p^α
q	pq	$\cdots$	$p^\alpha q$
q^2	pq^2	$\cdots,$	$p^\alpha q^2$
$\vdots$	$\vdots$	$\vdots,$	$\vdots$
q^β	pq^β	$\cdots,$	$p^\alpha q^\beta.$

Portanto, a quantidade de divisores é o produto do número de linhas e colunas dessa matriz: $(1 + \alpha)(1 + \beta)$.

(62) Divisão em $\mathbb{Z}$. Em comparação com a Definição 1.16, mostre que a *divisão no conjunto* $\mathbb{Z}$ pode ser definida da seguinte maneira: Sejam $a, b \in \mathbb{Z}$. Então, dizemos que $b|a$ se, e somente se, existir um único número inteiro c, tal que $a = bc$.

Solução. Essa definição é para eliminar a condição $b \neq 0$ da Definição 1.16. Se c não é único, então, existem pelo menos dois divisores c_1, c_2. Daí, $a = bc_1, a = bc_2$, respectivamente. Logo, $b(c_1 - c_2) = 0$. Neste momento, devemos relembrar que $\mathbb{Z}$ é um anel de integridade, ou seja, o produto de dois números inteiros é zero se, e somente se, um deles é zero (veja o livro [Sho alg1]). Então, se $b \neq 0$, temos que $c_1 - c_2 = 0$. Logo, $c_1 = c_2$. Isso é uma contradição da nossa suposição.

Observamos que se $b = 0$, então, c não precisa ser único.

(63) Com a definição acima, mostre que zero não pode dividir nenhum número inteiro.

Solução. A parte final da solução do exercício precedente explica porque 0 não pode dividir um inteiro a. Se a for zero, c não será único. Portanto, 0 não é um divisor.

(64) Mostre que é impossível que o produto p_1p_2 de dois números primos distintos seja igual ao produto $q_1q_2q_3$ de três números primos distintos.

Solução. Suponhamos, por absurdo, que $p_1p_2 = q_1q_2q_3$, então, p_1 e p_2 dividem $q_1q_2q_3$. Considere o caso onde $p_2|q_1q_2q_3$. Logo, p_2 tem que dividir um dos q_1, q_2 e q_3. Mas, $p_2 \neq 1$, logo esse número primo tem que ser igual a um dos q_1, q_2 e q_3. Por exemplo, iremos supor que $p_2 = q_2$. Ainda assim, $p_1|q_1q_2q_3$ e da mesma maneira, p_1 é igual com um dos números q_1, q_2 e q_3. Suponhamos que $p_1 = q_1$. Daí, a igualdade $p_1p_2 = q_1q_2q_3$ implica que $q_3 = 1$. Isto é impossível. Logo, a nossa suposição não é verdadeira.

(65) Sejam p, q e r três números primos distintos. Sejam α e β dois números naturais. Mostre que se $p|q^{\alpha}r^{\beta}$, então, $p = q$ ou $p = r$.

Solução. A mesma ideia da solução do exercício precedente.

(66) Mostre que a seguinte igualdade é falsa:

$$[a, b] = [ca, b] \text{ para todo inteiro não nulo } c.$$

Solução. Escolha, por exemplo, $a = 2, b = 3$ e $c = 3$. Logo, temos que $[2, 3] \neq [6, 3]$.

Existem casos em que a referida igualdade é verdadeira. Para analisar, podemos considerar alguns instantes. Se $a = 0$, então, $[0, b] = |b|$ e para todo inteiro não nulo c, ainda a referida igualdade do exercício é verdadeira, pois $ca = 0$, logo, $[0, b] = [ca, b]$.

Se $a \neq 0$, mas $b = 0$, então, $[a, 0] = |a|$ e podemos escolher $c > 1$.

Logo, $[ca, 0] = c|a|$, que mostra que a referida igualdade do exercício não é verdadeira, pois $|a| < c|a|$. Agora, suponhamos que a e b sejam não nulos. Neste caso, se $[a, b] < |b|$, podemos escolher $c = |b|$ e notar que $[ca, b] = |b|$. Portanto, a referida igualdade é falsa. Se $[a, b] = |b|$, então, para qualquer c, ainda $[ca, b] = [a, b]$.

Este exercício poderá ficar mais interessante se for modificado da seguinte forma:

Quando vale a igualdade $[a, b] = [ca, b]$ para todo número inteiro a, b e c?

(67) Mostre que a seguinte igualdade é falsa:

$$[a, b] = [xa + yb, b] \text{ para todo inteiro } a, b, x, y.$$

Solução. Devemos mostrar que existem inteiros a, b, x e y, tal que $[a, b] \neq [xa + yb, b]$. Para isto, considere $a = 2, b = 3$. Neste caso, $[a, b] = 1$. Escolha $x = 0, y = 1$. Logo, $[xa + yb, b] = [3,3] = 3$. Portanto, $[a, b]$ não é igual a $[xa + yb, b]$. Obviamente, ainda em muitos casos, os dois máximos divisores comuns podem ser iguais, pois $[a[a, b], b] = [a, b]$ e sempre existem x e y inteiros, tal que $[a, b] = xa + yb$.

(68) Mostre que o item (7) da Proposição 1.18 também é válido para o caso em que x e y são zero.

Solução. Isto é óbvio, pois basta colocar $x = y = 0$ no referido item e notar a validade das igualdades.

(69) Equação não linear. O Exemplo 1.43 mostra que a equação diofantina $ax + by = c$, quando tem solução, tem infinitas soluções. Com isso, talvez seja possível especular que toda equação diofantina tem essa propriedade. Mas, isso não é verdade. Considere a equação diofantina $x^2 + y^2 = 1$. Mostre que ela possui somente um número finito de soluções e ache todas elas.

Solução. Se $|x| > 1$ ou $|y| > 1$, então, $x^2 + y^2 > 1$. Portanto, precisamos que $|x| \leq 1$ e $|y| \leq 1$ também. No intervalo $-1 \leq x \leq 1$ e no intervalo $-1 \leq y \leq 1$, existem somente três números inteiros: $-1, 0$ e 1. Logo, as soluções da referida equação diofantina são $(\pm 1, 0), (0, \pm 1)$ para (x, y).

Podemos analisar um pouco mais sobre esse tipo de equações diofantinas que têm a forma de uma curva, como neste caso, um círculo com centro na origem e raio 1. Em vez de querer resolver essa equação sobre números inteiros, pode-se querer resolvê-la sobre números racionais. Neste sentido, de fato existem infinitas soluções. Na seguinte figura, o ponto $(0, -1)$ é uma solução da equação $x^2 + y^2 = 1$. Geometricamente, esta é uma circunferência com centro na origem do sistema de coordenadas (0,0). As retas que passam pela solução $(0, -1)$ têm como equação a forma $y = -1 + tx$ para algum número real t. Em particular, quando a reta intercepta a curva $x^2 + y^2 = 1$, resulta na equação $x(x + t^2x - 2t) = 0$, que por sua vez possui as respostas $x = 0$ e $x = \frac{2t}{1+t^2}$. Para estas respostas temos que $y = -1$ e $y = \frac{t^2-1}{1+t^2}$, respectivamente. Como conclusão, se permitimos que t varie no conjunto dos números racionais, existirão infinitas soluções racionais para a referida equação diofantina.

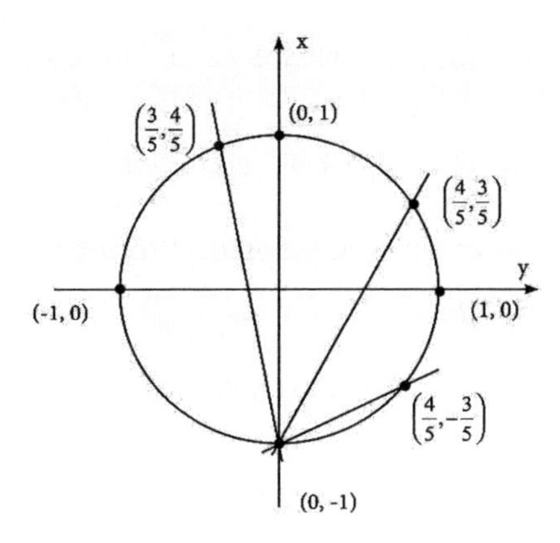

Figura 1

(70) Mostre que vale a fórmula (1.5) para o número de algarismos de um número natural n.

Solução. Segue a mesma ideia da demonstração da Proposição 1.8 e representação de potenciação (1.4) do livro [Sho utn].

(71) Números binários. Na representação de potenciação dos números naturais (1.4), o papel dos decimais naturais $0,1,\cdots,9$ fica claro. Similarmente, podemos considerar um conjunto de dois números $\{0,1\}$ e chamá-lo de *bits* (ou conjunto de bits). Um *bit* é um elemento do conjunto de bits. Definimos que β é um *número binário* quando ele é escrito como

$$\beta = \beta_{n-1}2^{n-1} + \beta_{n-2}2^{n-2} + \cdots + \beta_1 2 + \beta_0 \tag{1.21}$$

onde $\beta_i \in \{0,1\}$ para todo $i = 1,2,\cdots,n-1$ e $\beta_{n-1} = 1$. Chamaremos essa igualdade de *representação binária* de β. Usando a mesma ideia da demonstração da Proposição 1.8 e a fórmula (1.5), desenvolva uma fórmula para o cálculo do número de bits em um número binário.

Solução. Do mesmo jeito como a Proposição 1.8 é demonstrada, é possível resolver esta questão. Neste caso, deve-se trocar 10 por 2. A fórmula obtida será

$$\| a^k \| = 1 + \lfloor k\log_2 a \rfloor .$$

(72) Verifique as mesmas propriedades da Proposição 1.10 do número de bits de um número binário.

Solução. Sabemos que os resultados da Proposição 1.10 são verdadeiros para os números decimais com base 10. Se m' e n' são números binários, podemos transformá-los nos números na base 10 a serem chamados de m e n, respectivamente. Logo, para eles, os mesmos resultados são verdadeiros.

(73) Mostre que vale a seguinte desigualdade para os números naturais:

$$\| m - n \| \geq | \| m \| - \| n \| |.$$

Essa desigualdade vale para os números binários?

Solução. Uma maneira de resolver este exercício é iniciar provando a *desigualdade de triângulo* para o número de algarismos dos números naturais. Em outras palavras, prove que vale a seguinte igualdade:

$$\| m + n \| \leq \| m \| + \| n \|$$

para todo número natural m e n. De fato, quando somamos dois números naturais, se $\| m \| \geq \| n \|$ (ou $\| n \| \geq \| m \|$), o número de algarismos da soma $m + n$ aumentaria no máximo por uma unidade, isto é, $\| m + n \| \leq \| m \| +1$ (ou $\| m + n \| \leq \| n \| +1$). Portanto, vale a desigualdade de triângulo.

No próximo passo fazemos os seguintes cálculos:

$$\| m \| = \| n + (m - n) \| \leq \| n \| + \| m - n \|$$

e logo, $\| m - n \| \geq \| m \| - \| n \|$. Da mesma forma, temos que $\| m - n \| \geq \| n \| - \| m \|$. Portanto, essas duas desigualdades implicam a desigualdade desejada.

A resposta para a última pergunta é uma afirmativa.

(74) Qual é a representação binária do número natural 2007?

Solução. A divisão sucessiva de 2007 por 2 rende a seguinte soma:

$$2007 = 2^{10} + 2^9 + 2^8 + 2^7 + 2^6 + 2^4 + 2^2 + 2 + 1.$$

Portanto, na base 2, o número decimal 2007 pode ser reescrito como:

$$11111010111$$

que possui 11 bits.

(75) Qual é o número natural n cuja representação binária é igual a 100010001?

Solução. O número binário 100010001 é igual à seguinte soma dos números decimais (na base 10):

$$1 \cdot 2^8 + 0 \cdot 2^7 + 0 \cdot 2^6 + 0 \cdot 2^5 + 1 \cdot 2^4 + 0 \cdot 2^3 + 0 \cdot 2^2 + 0 \cdot 2 + 1.$$

A soma acima é igual a 273. Isto é a resposta.

(76) Escreva todos os números decimais naturais como números binários.

Solução. Relembramos que os números naturais decimais, de acordo com a nossa definição (veja o livro [Sho utn]), são de 0 até 9. Na tabela a seguir, os números da segunda linha são uma representação binária dos números decimais naturais:

0	1	2	3	4	5	6	7	8	9
0	1	10	11	100	101	110	111	1000	1001

(77) Faça uma tabela de adição e multiplicação para os bits $\{0,1\}$.

Solução. As tabelas para a adição e a multiplicação são as seguintes:

$+$	0	1
0	0	1
1	1	10

$\times$	0	1
0	0	0
1	0	1

Devemos notar que o conjunto dos bits $\{0,1\}$ é diferente do corpo finito $\mathbb{F}_2 = \{0,1\}$. Este é o primeiro exemplo de um corpo finito e a tabela de adição nesse corpo não é exatamente igual à tabela acima de adição de bits. Mais precisamente, a tabela de adição é a seguinte:

$+$	0	1
0	0	1
1	1	0

De fato, no corpo $\mathbb{F}_2$, a soma $1 + 1 = 0$. Para ter muitas outras informações com respeito aos corpos finitos, veja o livro [Sho exm1].

(78) Mostre que todo ideal de $\mathbb{Z}$ contém 0.

Solução. Um ideal por sua definição não é vazio. Portanto, se I é um ideal de $\mathbb{Z}$, ele possui pelo menos um elemento x. Então, pela definição $(-1)x = -x \in I$. Logo, também pela definição $x + (-x) = x - x = 0 \in I$.

(79) Mostre que se I é um ideal de $\mathbb{Z}$ e $x \in I$, então, $x^2 \in I$, e em geral, $x^n \in I$ para todo número natural n.

Solução. Se $x \in I$, pela definição, $x \cdot x = x^2 \in I$. Repetindo, $x \cdot x^2 = x^3 \in I$. Agora, pela Indução Matemática, temos que $x^n \in I$ (Por quê?). Notamos que no conjunto dos inteiros $\mathbb{Z}$, a operação de multiplicação é uma *operação associativa* no sentido de que $x(yz) = (xy)z$ para todo $x, y, z \in \mathbb{Z}$. É por isto que em $\mathbb{Z}$, vale a igualdade $x^m \cdot x^n = x^{m+n}$.

(80) Mostre que se I é um ideal de $\mathbb{Z}$ e $1 \in I$, então, $I = \mathbb{Z}$.

Solução. Se $1 \in I$, então, pela definição, para todo $a \in \mathbb{Z}$, vale $a \cdot 1 = a \in \mathbb{Z}$. Logo, $I = \mathbb{Z}$.

(81) Mostre que se I é um ideal de $\mathbb{Z}$ que contém x e $(x+1)^2$, então, $I = \mathbb{Z}$.

Solução. Se $x, (x+1)^2 \in I$, então, $2x \in I, x^2 \in I$. Mas, $(x+1)^2 = x^2 + 2x + 1 \in I$ implica que $x^2 + 2x + 1 - x^2 - 2x = 1 \in I$. Pelo exercício precedente, isto implica que $I = \mathbb{Z}$.

(82) Mostre que $\{0\}$ e $\mathbb{Z}$ são ideias de $\mathbb{Z}$ e que $\{0\}$ é o único ideal com um número finito de elementos.

Solução. O conjunto $\{0\}$ é um ideal, pois a soma de seus elementos (neste caso somente um elemento) é um elemento do mesmo conjunto: $0 + 0 = 0$. Por outro lado, para todo $a \in \mathbb{Z}$ o produto $a \cdot 0 = 0 \in \{0\}$. O conjunto dos inteiros $\mathbb{Z}$ também é um ideal, pois a soma de dois inteiros e o produto deles é um inteiro. Não existe um ideal finito de $\mathbb{Z}$, exceto $\{0\}$, pois se I é um ideal não nulo de $\mathbb{Z}$ não é igual a $\mathbb{Z}$ e $a \in I$ é um elemento não nulo, então, o conjunto das potências $a^n \in I$, quando n varia em todo o conjunto de números naturais, é infinito, a menos que para algum número natural $k, a^n = a^k$. Mas no conjunto dos números inteiros, essa igualdade só é possível se $n = k$. Logo, I é um conjunto infinito.

(83) Mostre que a interseção de dois ideais é um ideal.

Solução. Se I e J são dois ideais de $\mathbb{Z}$, então, a soma de dois elementos de $I \cap J$ também é um elemento deste. Se $x \in I \cap J$, logo, $ax \in I \cap J$. De fato, $ax \in I$ e $ax \in J$, sendo I e J ideais. Portanto, $ax \in I \cap J$.

(84) Mostre que $n\mathbb{Z} \cap \mathrm{m}\mathbb{Z} = \langle \mathrm{n}, \mathrm{m} \rangle \mathbb{Z}$.

Solução. Se $x \in n\mathbb{Z} \cap \mathrm{m}\mathbb{Z}$, então $n|x$ e $m|x$. Logo, $\langle \mathrm{n}, \mathrm{m} \rangle | x$. Portanto, $x \in \langle \mathrm{n}, \mathrm{m} \rangle \mathbb{Z}$. Reciprocamente, se $x \in \langle \mathrm{n}, \mathrm{m} \rangle \mathbb{Z}$, temos que $\langle \mathrm{n}, \mathrm{m} \rangle | x$. Isso implica que $n|x$ e $m|x$. Daí, $x \in n\mathbb{Z} \cap \mathrm{m}\mathbb{Z}$.

(85) Mostre que, em geral, a união de dois ideais não nulos não é um ideal.

Solução. Considere dois números primos distintos p e q. A união $p\mathbb{Z} \cup q\mathbb{Z}$ contém p e q, mas $p + q$ não pode estar em $p\mathbb{Z} \cup q\mathbb{Z}$, pois nem p nem q podem dividir $p + q$.

(86) Teorema da Divisão de Euclides. Mostre que se $a, b \in \mathbb{Z}$ e $b < 0$, então, existem únicos inteiros q e r, tal que $a = bq + r$ com $0 \leq r < -b$.

Sugestão: A mesma ideia usada na demonstração do Teorema 1.22.

Portanto, o *Teorema da Divisão de Euclides* para os inteiros pode ser escrito na seguinte forma geral.

Teorema. Sejam $a, b \in \mathbb{Z}$ e $b \neq 0$. Então, existem únicos inteiros q e r, tal que

$$a = bq + r, \text{ com } 0 \leq r < |b|.$$

Solução. Siga a sugestão dada no exercício.

(87) Mostre que o conjunto $\{x^2 | x \text{ varia em todo } \mathbb{Z}\}$ dos quadrados dos inteiros não é um ideal de $\mathbb{Z}$.

Solução. A soma dos números quadrados nem sempre é um número quadrado.

(88) Mostre que para todo número natural m sempre vale a inclusão $m^2\,\mathbb{Z} \subseteq m\,\mathbb{Z}$ e que existe uma cadeia infinita de ideais de forma que:

$$\cdots m^3\mathbb{Z} \subseteq m^2\mathbb{Z} \subseteq m\mathbb{Z}.$$

Solução. Iremos provar que se $\ell \geq k$, então, $m^\ell\mathbb{Z} \subseteq m^k\mathbb{Z}$. Seja $x \in m^\ell\mathbb{Z}$. Logo, $m^\ell|x$. Mas, então, $m^k|\, x$. Portanto, $x \in m^k\mathbb{Z}$.

(89) Seja p um número primo. Mostre que se $ab \in p\mathbb{Z}$, então, $a \in p\mathbb{Z}$ ou $b \in p\mathbb{Z}$.

Solução. Se $ab \in p\mathbb{Z}$, então, $p|ab$. Se $p \nmid a$, então, pelo Lema 1.40, temos que $p|b$. Isso implica o resultado desejado.

(90) Sejam $a, b \in \mathbb{N}$ e $a < b$. Mostre que, neste caso, no teorema da divisão de Euclides, temos que $q = 0$ e $r = a$.

Solução. No teorema da divisão de Euclides, os números q e r são unicamente determinados para os números dados a e b. Sendo eles números naturais, então, a igualdade $a = b0 + a$ é de acordo com a igualdade da divisão de Euclides, pois ainda vale $0 \leq r = a < b$.

(91) Sejam $a_1, b_1, a_2, b_2 \in \mathbb{N}$. É verdade que no teorema da divisão de Euclides para a divisão de $a_1 + a_2$ por $b_1 + b_2$, o resto é a soma dos restos da divisão de a_1 por b_1 e de a_2 por b_2?

Solução. Considere o seguinte exemplo:

$$13 = 2 \cdot 6 + 1, 17 = 3 \cdot 5 + 2.$$

O resto da divisão de 13 por 2 é 1 e de 17 por 3 é 2. Mas, o resto da divisão de $13 + 17 = 30$ por $2 + 3 = 5$ é 0.

Apesar disso, existe um caso de interesse quando $b_1 = b_2$. Considere o exemplo:

$$17 = 2 \cdot 8 + 1, 13 = 2 \cdot 6 + 1.$$

O resto da divisão de 17 por 2 é 1 e de 13 por 2 é 1 também. Mas o resto da divisão de $13 + 17 = 30$ por 2 é 0. Obviamente, $2 \neq 0$, mas ainda assim, podemos dividir 2 por 2 e chegar a zero como resto da divisão de $13 + 17$ por 2. Em outras palavras, se $a_1 = bq_1 + r_1$ e $a_2 = bq_2 + r_2$, e se a soma $r_1 + r_2 < b$, temos que o resto da divisão de $a_1 + a_2$ por b é $r_1 + r_2$.

(92) Com os dados do exercício precedente, é verdadeiro que o resto da divisão de a_1a_2 por b_1b_2 é igual ao produto dos restos das divisões de a_1 por b_1 e de a_2 por b_2?

Solução. Para o produto, considere o seguinte exemplo:

$$13 = 6 \cdot 2 + 1, 17 = 5 \cdot 3 + 2.$$

Mas, o resto da divisão de $13 \cdot 17 = 221$ por $6 \cdot 5 = 30$ não é igual a $2 \cdot 1 = 2$.

(93) Ideal de $\mathbb{Q}$. Da mesma maneira como foi definido o ideal de $\mathbb{Z}$, podemos definir o ideal de $\mathbb{Q}$ para os números racionais. Mostre que, então, todo ideal não nulo de $\mathbb{Q}$ deve ser igual a $\mathbb{Q}$ mesmo.

Solução. Se J é um ideal não nulo de $\mathbb{Q}$ e $x \in J$ um elemento não nulo, logo, pela definição, o produto de qualquer número racional y vezes x é um elemento de J. Escolhemos y igual a $\frac{1}{x}$. Isso implica que $1 \in J$. Portanto, $\mathbb{Q}$ possui somente dois ideais: $\{0\}$ e $\mathbb{Q}$.

(94) Faça uma tabela de adição e uma de multiplicação para os 10 números binários seguintes:

$$1, 10, 11, 100, 101, 110, 111, 1000, 1001, 1010.$$

Solução. Fazemos somente a seguinte tabela de adição:

+	1	10	11	100	101	110	111	1000	1001	1010
1	10	11	100	101	110	111	1000	1001	1010	1011
10	11	100	101	110	111	1000	1001	1010	1011	1100
11	100	101	110	111	1000	1001	1010	1011	1100	1101
100	101	110	111	1000	1001	1010	1011	1100	1101	1110
101	110	111	1000	1001	1010	1011	1100	1101	1110	1111
110	111	1000	1001	1010	1011	1100	1101	1110	1111	10000
111	1000	1001	1010	1011	1100	1101	1110	1111	10000	10001
1000	1001	1010	1011	1100	1101	1110	1111	10000	10001	10010
1001	1010	1011	1100	1101	1110	1111	10000	10001	10010	10011
1010	1011	1100	1101	1110	1111	10000	10001	10010	10011	10100

(95) O número natural 128, no sistema binário, termina com quantos zeros?

Resposta: 7.

(96) Com referência ao Exercício 86, calcule os números q e r nos seguintes casos:

$$a = 10, b = -8;\ a = 100, b = -1; a = 1524, b = -2001.$$

Solução. Basta notar que $10 = -8(1) + 2, 100 = -1(-99) + 1, 1524 = -2001(0) + 1524$.

(97) Mostre que no teorema da divisão de Euclides para os inteiros a, b, de fato, o número b não pode ser zero.

Solução. Se b for zero, q não será único.

(98) Por meio da Indução Matemática, mostre que para todo número natural n o resto da divisão de 5^n por 4 é 1.

Solução. O resto da divisão de 5 por 4 é 1, pois $5 = 4 \cdot 1 + 1$. Suponhamos que o resto da divisão de 5^{n-1} por 4 seja 1. Temos que deduzir desta que o resto da divisão de 5^n por 4 é 1 também. Mas, por nossa suposição, vale a igualdade $5^{n-1} = 4q + 1$ para algum inteiro q. Multiplicando os dois lados por 5, temos que:

$$5^n = 5 \cdot 5^{n-1} = 20q + 5 = 20q + 4 + 1 = 4(5q + 1) + 1.$$

Isso implica o resultado desejado.

(99) Seja $a > 1$ um número natural. Por que a equação $ax + (a + 1)y = a$ possui solução? Resolva essa equação e ache todas as soluções.

Solução. Pois o máximo divisor comum entre a e $a + 1$ divide a. Todas as soluções são $x = 1 - (a + 1)k, y = ak$, onde k varia em $\mathbb{Z}$.

(100) Por meio da falsa indução, mostre que para todo número inteiro não negativo n, vale a igualdade $2n = 0$.

Solução. Temos que $2 \cdot 0 = 0$. Suponhamos então, que para todo número natural até $n - 1$, vale a igualdade $2 \cdot (n - 1) = 0$. Somando os dois lados dessa igualdade com $2 \cdot 1 = 0$, temos que $2 \cdot n = 0$.

Isso é um exemplo de falsa indução, pois no segundo passo, a suposição de que $2 \cdot 1 = 0$ é, de fato, falsa. Obviamente, daí para frente o resultado obtido é falso.

(101)Dê uma condição necessária e suficiente para que a equação $[a, b]x + by = 1$ tenha solução.

Solução. O máximo divisor comum entre os números inteiros a e b tem que ser igual a 1.

(102) Calcule $[[a, a], a]$. Calcule $[[a, na], a]$ para todo número natural n.

Solução. Para $a \neq 0$, existe a resposta $|a|$.

(103) Calcule o valor da fração continuada infinita $(1,1,1,\cdots)$.

Resposta. $\frac{1+\sqrt{3}}{2}$.

(104) Mostre que todo número racional pode ser representado por uma fração continuada simples.

Sugestão: Seja $\frac{a}{b}$ *um número racional. Aplique a ideia do Exemplo 1.44. Calcule os números* a_n, b_n, q_n *e* r_{n-1}.

Capítulo 2

Números primos

Neste capítulo, são resolvidos e respondidos todos os 78 exercícios que se encontram no Capítulo 2 do livro [Sho utn], exceto alguns itens que podem ser estudados com facilidade. Os exercícios, na maioria dos casos, dizem respeito aos números primos e suas propriedades, representação aritmética dos números naturais, suas ordens e propriedades das ordens.

As curiosidades sobre o conjunto de números primos e seus elementos sempre têm destaque na Matemática e por isto, podem ser sempre geradas perguntas e questões a respeito deles.

2.1 Exercícios e suas soluções

(1) Ache os números primos no intervalo de 2 até 100 usando o crivo de Erastóstenes.

Solução. Seguindo o método explicado na página 46 do livro [Sho utn], resultará nos números primos desejados, que exatamente são os da primeira coluna da tabela na página 65 do mesmo livro.

(2) Ache os números primos entre 2 e 100 usando divisões sucessivas.

Solução. Listamos os números entre 2 e 100 começando com 2 e 3; dividindo 4 por estes, notamos que ele é divisível por 2. Após eliminar 4, continuando dividindo por $5, 6$, etc. pelos primos anteriores, chegamos à mesma resposta do exercício anterior.

(3) Um teorema de Wilson nos diz que um número natural p é primo se, e somente se, p divide $(p-1)! + 1$. Ache todos os números primos de 2 até 100 usando o teorema de Wilson.

Solução. Apesar do problema poder ser resolvido à mão, é melhor utilizar um programa do computador. Obviamente, a resposta é a mesma listada no exercício anterior.

O objetivo desse exercício é mostrar que o referido teorema de Wilson tem um custo de operação grande se a questão é testar a primalidade de um número natural com muitos algarismos.

(4) Para verificar se 1663 é um número primo usando o teorema de Wilson (veja o exercício precedente), quantas operações de multiplicação e divisão são necessárias?

Solução. Devemos calcular o número $1662!$, que é formado por 1662 multiplicações, uma soma (soma com 1) e uma divisão (divisão por 1663).

(5) Com referência aos Exercícios 2 e 3, qual é a maneira mais rápida que envolve menos operações de multiplicação e divisão para testar se um número natural n é primo?

Resposta. O crivo.

(6) Com referência ao Exercício 4, o número $1662!$ terá quantos algarismos? Calcule esse número.

Solução. Sabemos que $\| 1662! \| = 1 + \lfloor \sum_{k=1}^{1662} \log_{10} k \rfloor$. Para calcular a soma do lado direito, precisa-se de uma calculadora ou um programa do computador. O cálculo do logaritmo envolve números reais com muitos decimais. Uma resposta com somente uma operação de truncamento no final, para a soma dos logaritmos, é 4633.

(7) O número 1662! termina em quantos zeros?

Solução. Seja $n = 1662$. Podemos aplicar o Lema 2.14, mas é recomendado aplicar um programa de computador ou uma calculadora que pode calcular $ord_2(n!)$ e $ord_5(n!)$. As respostas são $ord_2(1662!) = 1654$ e $ord_5(1662!) = 413$, onde foi utilizado o resultado de Legendre do Lema 2.17. Agora, pelo Lema 2.14, o número de zeros desejado é 413.

(8) Com referência à tabela da lista de primos de 2 até 2000, calcule a ordem de todos os divisores primos de 1662! entre 101 e 1657.

Solução. É preciso conhecer todos os divisores primos de fatores que formam 1662! e eles são os números primos entre 2 e 1662. Nas tabelas dos números primos do livro [Sho utn], nós os encontramos.

O trabalho será mais interessante ao programar um algoritmo do computador para fazer os cálculos.

(9) Calcule $ord_2(1000)$. Calcule $ord_3(100)$ e $ord_5(1000)$.

Solução. $ord_2(1000) = 3$, pois $2^3 = 8$ é a maior potência de 2 que divide 1000. Também, $ord_5(1000) = 3$, pois $5^3 = 125$ é a maior potência de 5 que divide 1000. Por outro lado, $ord_3(100) = 0$, pois nenhuma potência de 3 divide 100.

(10) Determine a representação aritmética de 100 e 1000.

Solução. Os únicos divisores primos de 100 são 2 e 5. E temos que $100 = 2^2 \cdot 5^2$. Da mesma forma, os únicos divisores primos de 1000 são 2 e 5, e $1000 = 2^3 \cdot 5^3$.

(11) Determine a representação aritmética de 2000.

Solução. Podemos, como no exercício precedente, achar os divisores primos de 2000 ou podemos notar que a representação aritmética de 2000 é o dobro da representação aritmética de 1000. Portanto, $2000 = 2^4 \cdot 5^3$.

(12) Seja p um número primo e a um número natural. Mostre que valem as seguintes:

$$ord_p(p) = 1, ord_p(2p) = 1 \text{ se } p \text{ é ímpar},$$
$$ord_p(ap) = a \text{ se } a < p.$$

Solução. É óbvio pela definição da ordem.

(13) Mostre que para todo número primo p vale a igualdade

$$ord_p(p^2!) = p + 1.$$

Solução. No cálculo de $p^2!$, encontramos $p - 1$ múltiplos de p que são $p, 2p, \cdots, (p-1)p$. Esses fatores contribuíram com $p - 1$ unidades no cálculo de $ord_p(p^2!)$. Também, temos o número p^2 como o último elemento no cálculo de $p^2!$. E este contribui com 2 unidades no cálculo $ord_p(p^2!)$. Logo, a soma dessas contribuições é o resultado desejado, isto é, $ord_p(p^2!) = p - 1 + 2 = p + 1$.

(14) Mostre que para todo número natural n e todo número primo p vale a seguinte:

$$ord_p(p^n!) = \frac{p^n - 1}{p - 1}.$$

Solução. É possível utilizar a Indução Matemática a respeito de n. Para $n = 2$, pelo exercício anterior, o resultado é correto. O número $p^{n+1}!$ pode ser reescrito como $p^n!(p^n+1)\cdots p \cdot p^n$. Portanto, a ordem desse número na base p é a soma das ordens $ord_p(p^n!)$ e $ord_p\big((p^n + 1) \cdots p \cdot\cdot p^n\big) = p^n$. Logo, pela hipótese da Indução, temos que

$$ord_p(p^{n+1}!) = \ ord_p(p^n!) + p^n = \frac{p^n - 1}{p - 1} + p^n = \frac{p^{n+1} - 1}{p - 1}.$$

Outra maneira de resolver este exercício é por meio de uso do Lema de Legendre.

(15) Quando é possível que a soma de dois números primos seja um número primo? Liste todos os dois números primos de 2 até 100 cujas somas é um número primo.

Solução. A única possibilidade é a soma de 2 com alguns primos ímpares. A soma de dois números primos ímpares nunca é um número primo, pois a soma é maior que 2 e par. A primeira coluna da tabela de números primos na página 65 do livro [Sho utn] deve ser observada para resolver este exercício.

(16) Faça a mesma coisa do exercício precedente para obter a diferença entre dois números primos.

Solução. A diferença entre dois números primos ímpares é sempre um número par. Algumas vezes, esse número par é o primo 2. Portanto, a única possibilidade de gerar um número primo por meio da diferença entre dois números primos é que um deles seja 2.

(17) Soma e diferença de quadrados. Dizemos que um número natural n é a *soma de dois quadrados* (respectivamente, *diferença entre dois quadrados*) se, e somente se, existem números inteiros a e b, tal que $n = a^2 + b^2$ (respectivamente, $n = a^2 - b^2$). Qual é o primeiro número primo que é soma de dois quadrados? Qual é o primeiro número primo que é diferença entre dois quadrados?

Solução. $5 = 1^2 + 2^2, 3 = 2^2 - 1^2$.

(18) Ache todos os números primos entre 2 e 100 que são a soma de dois quadrados.

Solução. Obviamente, podemos utilizar a primeira coluna da tabela na página 65 do livro [Sho utn], testar um por um os números e determinar qual deles é soma de dois quadrados. Neste caso, podemos saber de antemão qual deles, de fato, é soma de dois quadrados utilizando um teorema de Euler que mostra que os números primos com a forma $4k + 1$ são iguais à soma de dois quadrados (veja o livro [SSG] para uma demonstração).

(19) Mostre que todo número primo ímpar pode ser expresso como a diferença entre dois quadrados.

Solução. Seja p um número primo ímpar. Queremos provar que existem números inteiros x e y, tal que $p = x^2 - y^2$. Isso é o mesmo que resolver os seguintes sistemas, onde x e y são incógnitas:

$$\begin{cases} x - y = \pm 1 \\ x + y = \pm p. \end{cases}$$

Somando as equações, notamos que o sistema sempre possui duas soluções: $x = \pm\frac{p+1}{2}$ e $y = \pm\frac{p-1}{2}$.

A solução dada está baseada no fato de que p é um número primo e a igualdade $p = x^2 - y^2$ é o mesmo que p como o produto de dois inteiros $x - y$ e $x + y$, implicando no sistema citado. Ignorando o fato de que p é primo, somente considerando que p é um número ímpar, também é suficiente provar que ele é igual à diferença entre dois quadrados. Se considerarmos um número ímpar $2k + 1$, ele sempre poderá ser reescrito como $(k + 1)^2 - k^2$. Outra maneira de mostrar que os números ímpares m são representados como a diferença entre dois quadrados é notar que $m = \lfloor \frac{m}{2} \rfloor^2 - \lceil \frac{m}{2} \rceil^2$.

(20) Quais são as possibilidades de resto da divisão de um número primo por 4?

Solução. Obviamente, o número primo em questão tem que ser maior que 4. Neste caso, os possíveis restos são 1 e 3.

(21) Quais são as possibilidades de resto da divisão de um número primo por 3?

Solução. Se um número primo é maior que 3, então, seu resto da divisão por 3 somente pode ser 1 ou 2.

(22) Quais são as possibilidades de resto da divisão de um número primo por 5? E por 7?

Solução. Se p é um número primo maior que 5, então, os possíveis restos da divisão por 5 são $1, 2, 3, 4$. E para $p > 7$, os possíveis restos são $1, 2, 3, 4, 5, 6$.

(23) Liste todos os números primos entre 1 e 200 que podem ser representados pela soma de dois quadrados. Quantos são?

Solução. Sabendo que eles têm a forma $4k + 1$, então, podemos listá-los e são, nos total, 21 (veja o Exercício 18).

(24) Liste todos os números primos entre 1 e 200 cujo resto da divisão por 4 é 3 e aqueles cujo resto da divisão por 4 é 1. Quantos são?

Resposta. 23 e 21, respectivamente.

(25) Mostre que os números primos p, cujo resto da divisão por 4 é 1, têm a forma $p = 4k + 1$ para algum número natural k.

Solução. Pelo teorema da divisão de Euclides, o resultado desejado é provado. Veja também o Exercício 20.

(26) Mostre que o produto dos números naturais com a forma $4\ell + 1$ sempre tem a forma $4t + 1$ para algum número natural t.

Solução. Isso é óbvio. Veja também o exercício a seguir para uma aplicação deste.

(27) Infinitude de primos. Mostre que o conjunto dos números primos com a forma $4k + 1$ é infinito.

Sugestão: Suponhamos, por absurdo, que existe somente um número finito desses primos: $q_1, q_2, \cdots, q_r$. *Considere o número seguinte:*

$$Q = (q_1, q_2, \cdots, q_r)^2 + 1.$$

Então, $Q > q_i$ *para todo* $i = 1,2, \cdots, r$. Q *é um número com a forma* $a^2 + 1$. *Primeiro, prove que os divisores de um número como* $a^2 + 1$ *têm a forma* $4k + 1$. *Depois, observe que o resto da divisão de* Q *para cada divisor primo com a forma* $4k + 1$ *é* 1. *Então,* Q *não pode ser composto. Isso é uma contradição.*

Solução. Primeiro, notamos que o produto de dois números com a forma $4\ell + 1$ é um número dessa forma. De fato, temos que:

$(4m + 1)(4n + 1) = 4k + 1$ onde $k = 4mn + m + n$.

Segundo, suponhamos que Ω é o conjunto dos números primos com a forma $4k+1$. O primeiro elemento desse conjunto é 5 e depois 13 etc. Portanto, 2 e 3 não são elementos de Ω. O objetivo é provar que Ω é um conjunto infinito. Iremos supor, por absurdo, que ele possui somente um número finito de elementos $q_1, q_2, \cdots, q_r$. Considere o número $Q = (q_1, q_2, \cdots, q_r)^2 + 1$. É claro que este tem a forma $(4A+1)^2+1$. Esse número também pode ser visto como um número com a forma a^2+1. O resto da divisão de um número com essa forma por 4 é 1 ou 2 (mas 2 não consta no conjunto Ω). De fato, se a é par, seu resto da divisão por 4 é 0, se é ímpar, é 1. Logo, pela solução do Exercício 91 do capítulo anterior, temos que o resto da divisão de a^2+1 por 4 é 1 ou 2 (como os restos da divisão de a^2 e 1 por 4). O número Q é primo, que neste caso deve ser um elemento do conjunto Ω, ou deve ser divisível por um primo de Ω. Mas, Q é maior que todos os elementos de Ω, portanto, $Q \notin \Omega$. Será que ele é divisível por um elemento de Ω? A resposta é negativa, pois o resto da divisão de $(4A+1)^2+1$ por um número com a forma $4k+1$ é 1, e não é zero. Portanto, Q tem a forma $4k+1$. Isso mostra que o conjunto Ω é infinito.

(28) Mostre que o produto dos números naturais com a forma $4k+3$ tem a forma $4a+1$ para algum número natural a ou tem a forma $4b+3$ para algum número natural b.

Solução. De fato, mais precisamente, o produto do número par vezes os números com a forma $4k+3$ tem a forma $4\ell+1$. Notaremos o seguinte produto:

$$(4m+3)(4n+3) = 4A+9 = 4B+1,$$

onde $A = 4mn+3m+3n$, $B = A+2$. Por outro lado, o produto do número ímpar vezes os números com a forma $4k+1$ resulta em um número com a mesma forma. Para o melhor entendimento, multiplicaremos o resultado acima pelo número $4k+3$. Temos que $(4k+3)(4B+1) = 4C+3$. Para algum número natural C, os casos gerais podem ser demonstrados utilizando a Indução Matemática.

(29) Infinitude de primos. Mostre que o conjunto de números primos com a forma $4k+3$ é infinito.

Sugestão: Suponhamos, por absurdo, que existe somente um número finito de primos com a forma $4k+3$. *Digamos que eles são* $q_1, q_2, \cdots, q_r$. *Considere o número:*

$$Q = q_1, q_2, \cdots, q_r - 1 = 4\big((q_1, q_2, \cdots, q_r) - 1\big) + 3.$$

Observamos que o produto de números com a forma $4a+1$ *tem essa forma. Daí,* Q *não tem divisor com a forma* $4b+1$. *Logo, se* Q *fosse composto, um dos seus divisores deveria ter a forma* $4t+3$. *Mas, nenhum número primo com a forma* $4t+3$ *divide* Q. *Isso é uma contradição da nossa suposição.*

Solução. Basta utilizar a sugestão dada.

(30) Considere o produto dos números primos a partir de 2 somando com 1, como: $2 \cdot 3 \cdot 5 \cdots\cdot p_n + 1$. Quando essa soma não é um número primo?

Solução. Denotaremos o referido produto por $[p_n]!$, que é exatamente o produto dos números primos a partir de 2 até p_n, onde os números compostos não são considerados. Notamos, após testar os valores diferentes para n, que quando $p_n = 13$, a soma dada é igual a $30031 = 59 \cdot 509$, que é composto.

(31) Considere os números com a forma $5k+1$ para $k = 0,1, \cdots$. Mostre que quando k é ímpar, esses números são divisíveis por 2. Então, eles não são primos. Ache todos os números primos com a forma $5k+1$ entre 1 e 2000. Eles terminam em 1 (quer dizer, suas unidades são 1)?

Solução. Os primeiros números com a forma $5k+1$ são $11, 31, 41, 61, 71, 101, 131$. Se a unidade de um número primo p for diferente de 1, então, ela será igual a um dos números seguintes:

$0, 2, 3, 4, 5, 6, 7, 8$ ou 9.

Mas, um número com unidade $0, 2, 4, 6, 8$ não pode ser primo. Portanto, os candidatos para as unidades de números primos desconsiderando 1 são $3, 5, 7$ ou 9. Neste caso, $p - 1$ tem unidade $2, 4, 6$ ou 8. Mas, um número com essas unidades não é divisível por 5. Logo, os primos com a forma $5k + 1$ tem que ter a unidade igual a 1.

(32) É possível chegar a um resultado semelhante ao do exercício precedente para os números com a forma $5k + 2$? Os primos desse tipo terminam em 7?

Solução. Quando k varia no conjunto de números naturais, o primeiro primo com a forma $5k + 2$ é 7, depois é 17. É possível aplicar o mesmo método do exercício precedente e chegar ao resultado afirmativo de que os primos com a forma $5k + 2$ terminam em 7.

(33) Sejam p e q dois números primos distintos. Mostre que $p\mathbb{Z} \cap q\mathbb{Z} = pq\mathbb{Z}$.

Solução. Utilize o Exercício 84 do Capítulo 1.

(34) Considere a sequência de números primos a partir de 2:

$$\{2,3,5,7,11,\cdots\}.$$

(a) Justifique por que a soma dos ímpares vezes os números dessa sequência é sempre par. Por exemplo:

$$2 = 2, 2 + 3 + 5 = 10, 2 + 3 + 5 + 7 + 11 = 28, \cdots$$

(b) É verdadeiro que a soma dos pares vezes os números dessa sequência a partir de 2 é sempre um número primo? Por exemplo:

$$2 + 3 = 5, 2 + 3 + 5 + 7 = 17, 2 + 3 + 5 + 7 + 11 + 13 = 41,$$

(c) Liste os números primos entre 2 e 200 que são obtidos no item (b).

Solução. (a) As somas têm a forma:

$$2 + \text{Número par vezes números ímpares.}$$

Logo, são pares. Deixaremos outros itens para o leitor estudar.

(35) Como podemos gerar números primos que terminam com 9?

Solução. Considerando as colunas das tabelas de números primos do livro [Sho utn], podemos notar que os referidos números têm a forma $10k + 9$.

Para especificar melhor este exercício, podemos nos perguntar sobre a forma geral dos números primos cujas unidades são 9 e que possuem um dado número de algarismos.

(36) Dê uma demonstração para o item (3) do Lema 2.22.

Solução. Como é explicado na página 58 do livro [Sho utn], a dica é calcular a diferença $\binom{n}{k} - \binom{n-1}{k}$ e mostrar que ela é igual a $\binom{n-1}{k-1}$. Isso é fácil de fazer. Veja os cálculos a seguir:

$$\binom{n}{k} - \binom{n-1}{k} = \frac{n!}{k!\,(n-k)!} - \frac{(n-1)!}{k!\,(n-k-1)!} =$$

$$\frac{(n-1)!}{(k-1)!(n-k-1)!}(n - n + 1) = \binom{n-1}{k-1}.$$

(37) Dê uma demonstração direta para o Corolário 2.27, usando a expansão binômio $(1+1)^n$. De fato, prove que

$$2^m - 2 = \sum_{k=1}^{m-1} \binom{m}{k}.$$

Solução. Notamos que

$$(1+1)^m = \binom{m}{0} + \binom{m}{1} + \cdots + \binom{m}{m-1} + \binom{m}{m} =$$

$$1 + \binom{m}{1} + \cdots + \binom{m}{m-1} + 1 =$$

$$2 + \sum_{k=1}^{m-1} \binom{m}{k}.$$

Logo, $2^m = 2 + \sum_{k=1}^{m-1} \binom{m}{k}$.

(38) Com referência à tabela dos primos de 1 até 2000, e a cota superior do Teorema 2, estime o número de multiplicações que ocorrem no Lema 2.28 entre 2002 e 4001 (este é o caso para $n = 2000$).

Solução. O estimativo desejado é:

$$\pi(4001) - \pi(2002) \approx 1446 - 303 = 1143.$$

(39) Faça igual ao exercício anterior, mas usando o Teorema de Número Primo.

Solução. O estimativo desejado é:

$$\pi(4001) - \pi(2002) \approx 482 - 303 = 179.$$

(40) Na prática, para aplicar o lema de Erdös (Lema 2.21), será necessário saber como calcular a potenciação 4^{n-1} com o menor número de multiplicações baseado nisto:

(a) Mostre que podemos calcular $4^{303-1} = 4^{302}$ com 10 operações de multiplicação e uma de divisão.

(b) Calcule o número de algarismos de 4^{302}.

(c) É possível calcular o número de algarismos do produto de todos os números primos de 2 até 1999?

Solução. (a) Para calcular a n-ésima potência de um número natural a, podemos notar as seguintes operações a respeito do número de multiplicações, onde cada multiplicação é representada por $*$:

$$a^2 = a * a \text{ (primeira multiplicação)}$$
$$a^4 = a^2 * a^2 \text{ (segunda multiplicação)}$$
$$a^8 = a^4 * a^4 \text{ (terceira multiplicação)}$$

e continuando, temos que

$$a^{2^k} = a^{2^{k-1}} * 2^{2^{k-1}} \quad (k\text{-ésima multiplicação}).$$

Para simplificar, seja $a = 4$. Neste caso, podemos escrever:

$$a^{302} = (a * a)^{151} = (a^2)^{151} = \frac{(a^2)^{152}}{a^2} =$$
$$\frac{(a^2 * a^2)^{7\ 6}}{a^2} = \frac{(a^4)^{7\ 6}}{a^2} =$$

$$\frac{(a^4 * a^4)^{38}}{a^2} = \frac{(a^8)^{38}}{a^2} =$$
$$\frac{(a^8 * a^8)^{19}}{a^2} = \frac{(a^{16})^{19}}{a^2}$$

Até aqui, estamos com quatro multiplicações e uma divisão. Agora, seja $a^{16} = b$. Temos que $b^{19} = b * b^{18}$. Então, até agora existem cinco multiplicações e uma divisão. Iremos calcular b^{18}. Temos que:

$b^{18} = (b * b)^9 = (b^2)^9 = (b^2)^8 * b^2 = (b^2)^{2^3} * b^2$.

Nos cálculos acima para b^{18}, existem cinco multiplicações. Portanto, são no total 10 multiplicações e 1 divisão.

(b) $\| 4^{302} \| = 1 + \lfloor 302 \log_{10} 4 \rfloor = 182$.

(c) Deve-se utilizar um programa do computador.

(41) Dê uma demonstração para o fato "óbvio" de que se m e n são números naturais maiores que 2, então, $m + n < mn$.

Solução. Utilizamos a Indução Matemática. Para $m = n = 3$, a referida desigualdade é verdadeira. Iremos supor que ela é verdadeira para todo m e n. Assim, queremos provar que a referida desigualdade também é verdadeira para $m + 1$ e n fixo. Somando os dois lados da desigualdade com 1, temos que $m + 1 + n < mn + 1 < mn + n = (m + 1)n$. Podemos também considerar o caso onde m é fixo e fazer a Indução a respeito de n.

Outra maneira de resolver este exercício é a seguinte. Suponhamos que $m > n$. Logo, $m \geq n + 1$. Multiplicando os dois lados pelo número positivo $n - 1$, temos que $m(n - 1) \geq n^2 - 1 > n$. Logo, $mn - m > n$.

(42) Mostre que vale a seguinte desigualdade para a soma dos números primos:

$$\textstyle\sum_{i=1}^{k} p_k < 4^{n-1},$$

onde p_k varia no conjunto de números primos a partir de 3.

Solução. O resultado do exercício precedente pode ser generalizado em mais de dois números. Iremos provar que

$$\sum_{i=1}^{k} m_i < \prod_{i=1}^{k} m_i$$

quando $m_i > 2$. Aplicando a Indução Matemática, suponhamos que para $k-1$, a desigualdade mencionada é verdadeira. Somando os dois lados com m_k temos que

$$m_k + \sum_{i=1}^{k-1} m_i < m_k + \prod_{i=1}^{k-1} m_i < \prod_{i=1}^{k} m_i,$$

onde a desigualdade do lado direito é consequência do caso de soma de dois números (exercício precedente).

Agora, este resultado pode ser aplicado ao produto e à soma de números primos como indicado no exercício.

(43) Qual é o maior número natural n, tal que $\prod_{p\leq n} p < 2 \cdot 10^6$.

Solução. O produto varia no conjunto de todos os números primos a partir de 2 até n. A resposta é que n é 17, pois

$$2 \cdot 3 \cdot 5 \cdot 7 \cdot 11 \cdot 13 \cdot 17 = 510510$$

mas neste produto foi também considerada a multiplicação por 19 e o resultado do produto será 9699690, que é maior que $2 \cdot 10^6$.

(44) É verdadeiro que a série $\sum_{p\in\wp} \frac{1}{p}$ diverge. Esse é um teorema de Euler cuja importância histórica em relação à teoria analítica de números é um assunto interessante. Por meio desse teorema de Euler, mostre que o conjunto de números primos é infinito.

Solução. Se o conjunto dos números primos $\wp$ fosse finito, a referida série seria convergente pela simples razão de que a soma de um número finito de frações é finita. Uma demonstração para o Teorema de Euler se encontra no livro [Sho uvc].

(45) Aceitando o Teorema de Euler do exercício precedente, mostre que a série $\sum_{p\in\wp}\frac{1}{\sqrt{p}}$ diverge.

Solução. Temos que $\frac{1}{\sqrt{p}} > \frac{1}{p}$. Isso nos direciona para a solução do exercício.

(46) Usando a expansão binômia de $(1+1)^n$, dê uma demonstração direta para o Lema 2.26.

Solução. A mesma ideia da solução do Exercício 37 pode ser utilizada.

(47) Verifique a validade da Fórmula de Produto para o número 2007^2.

Solução. Seja $n = 2007^2 = 3^4 \cdot 233^2$. Então, $ord_3(n) = 4$ e $ord_{223}(n) = 2$. Logo, devemos provar que $n \cdot 3^{-ord_3(n)} \cdot 223^{-ord_{223}(n)} = 1$, que é verdadeiro.

(48) Mostre que $\sqrt{3}$ é um número irracional.

Solução. Suponhamos, por absurdo, que $\sqrt{3}$ não é racional. Então, existem inteiros não nulos a e b, tal que $\sqrt{3} = \frac{a}{b}$. Podemos supor que $[a,b] = 1$. Logo, $3 = \frac{a^2}{b^2}$, portanto, $3|a^2$. Isto implica que $3|a$ (Por quê?). Porque $a = 3k$ para algum número inteiro k. Isso implica que $3|b$ também. Isso é uma contradição da nossa suposição de que a e b são coprimos. Portanto, o referido número é irracional.

(49) Mostre que para todo número primo p o número $\sqrt{p}$ é irracional.

Solução. A mesma ideia da solução do exercício precedente pode ser aplicada, que em vez de 3, é preciso considerar p.

(50) Mostre que a soma de um número racional e irracional é um número irracional.

Solução. Seja x é um número irracional e r um número racional. Suponhamos, por absurdo, que $x + r$ é um número racional s. Então, $x = s - r$. Enquanto um lado dessa igualdade é um número racional $s - r$, no outro lado existe um número irracional x. Isso é impossível, pois a interseção do conjunto de números irracionais e racionais é vazia.

(51) Mostre que a soma de dois números irracionais não é sempre irracional.

Solução. Considere os números $1 - \sqrt{3}$ e $2 + \sqrt{3}$.

(52) Mostre que um produto de dois números irracionais pode ser um número racional.

Solução. O produto de $\sqrt{3}$ consigo mesmo é racional. Ou como outro caso, temos que $(1 + \sqrt{2})(1 - \sqrt{2}) = -1$ é racional.

Com respeito aos números irracionais, é possível ainda dizer que o inverso de um número irracional é irracional. De fato, se x é um número não nulo, seu inverso é $\frac{1}{x}$. Se x é irracional e $\frac{1}{x} = r$ é racional, então, $\frac{1}{r} = x$ é irracional, que é uma impossibilidade porque o inverso de um número racional é sempre racional. Baseado nisto, podemos perguntar quando o produto de dois números irracionais é irracional? Veja o exercício seguinte.

(53) Mostre que um produto de um número racional e um número irracional é irracional.

Solução. Seja x um número irracional e r um número racional não nulo. Iremos supor, por absurdo, que o produto rx é um número racional s. Logo, $x = \frac{s}{r}$ é um número racional. Isso é uma contradição da nossa suposição.

(54) Mostre que para todo número primo p e todo número natural n o número $\sqrt[n]{p}$ é irracional.

Solução. Se $\sqrt[n]{p}$ é um número racional, então, $\sqrt[n]{p} = \frac{a}{b}$, onde podemos supor que $[a, b] = 1$. Logo, $a^n = pb^n$ e daí, $p|a^n$. Portanto, $p|a$, pois a representação aritmética de a^n é a n-ésima potência da representação aritmética de a. Logo, $a = pk$ para algum inteiro k. Portanto, $p^{n-1}k^n = b^n$, que implica $p|b$. Isso é uma contradição.

(55) É possível expressar o número 1 como a diferença entre dois números primos?

Solução. Vale $3 - 2 = 1$ e isso é a única possibilidade.

(56) Existem alguns números primos p e q, tal que $1 = p^2 - q^2$?

Solução. Podemos escrever $1 = (p - q)(p + q)$. Logo, temos os seguintes sistemas de equações:

$$\begin{cases} p + q = \pm 1 \\ p - q = \pm 1. \end{cases}$$

Um simples cálculo mostra que esses sistemas não possuem solução.

(57) Seja p um número primo com a forma $1 + 3k$ para algum número natural k. Mostre, então, que $p - 1$ é divisível por 6. Ache todos os números primos com essa forma

Solução. Seja $p = 3k + 1$ primo. Logo, $p - 1$ é um número par que é divisível por 3. Portanto, é divisível por 6. A questão de achar todos os números primos com a forma $3k + 1$ é um problema mais elaborado, pois a questão se resume a classificar esses números.

(58) Ache o menor primo p, tal que a equação diofantina $p = x^3 - y^3$ tenha solução.

Solução. Podemos escrever $p = (x - y)(x^2 + xy + y^2)$. Isso implica nos seguintes sistemas:

$$\begin{cases} x^2 + xy + y^2 = \pm p \\ x - y = \pm 1. \end{cases}$$

Consideremos o caso positivo do lado direito das equações. Da segunda equação temos que $y = x - 1$. Substituindo na primeira equação, temos que $3x^2 - 3x + 1 = p$. Logo, $3|p - 1$. Portanto, p tem a forma $3k + 1$ para algum número natural k. O primeiro primo com essa forma é $p = 7$. Neste caso, $x = 2$ e $y = 1$.

(59) Ache todos os números primos p, tal que a equação $p = x^3 - y^3$ tenha solução.

Solução. A mesma ideia da solução do exercício precedente. Os números primos desejados têm a forma $p = 3k + 1$. Alguns deles são: $p = 7, p = 19, p = 37$, e existem infinitos destes (como veremos no último exercício do próximo capítulo).

(60) Os números primos podem ser escritos com a diferença entre dois quárticos? Isso quer dizer que se para um dado número primo p, a equação diofantina $p = x^4 - y^4$ tem solução?

Solução. Podemos escrever $p = (x^2 + y^2)(x^2 - y^2)$. Essa igualdade implica nos seguintes sistemas de equações:

$$\begin{cases} x^2 + y^2 = \pm p \\ x^2 - y^2 = \pm 1. \end{cases}$$

Consideremos o caso positivo do lado direito das igualdades. A primeira equação nos mostra que p deve ter a forma $4k + 1$ para algum número natural k. Mas, isto não é importante para a solução, pois a segunda equação mostra que não existem números naturais x e y satisfazendo a equação do sistema (considerando o conjunto de números inteiros, também não existem números inteiros x e y, tal que $x^2 - y^2 = 1$). Portanto, a resposta é negativa.

(61) Mostre que para os números primos $p = 11$ e $p = 29$, a equação diofantina $p = x^2 - 2y$ tem solução. É possível achar outros números primos menores que 100 para que a mesma equação possua solução?

Solução. Temos que $11 = 9 + 2, 29 = 25 + 4$ e o outro caso é $p = 41$. Neste caso, temos que $x = 7, y = 4$.

(62) Mostre que a soma de dois números primos ímpares nunca pode ser igual ao produto de dois números primos ímpares.

Solução. A mesma ideia utilizada na solução do Exercício 41 é aplicável.

(63) Mostre que a afirmação do exercício precedente não vale para o primo par.

Solução. Óbvio.

(64) Mostre que a equação diofantina $x^2 - y^2 = 2$ não tem solução.

Solução. É resultado dos sistemas $\begin{cases} x + y = \pm 2 \\ x - y = \pm 1 \end{cases}$ não ter solução nos inteiros.

(65) Mostre que a equação diofantina $x^3 - y^3 = 2$ somente tem uma solução: $x = 1, y = -1$.

Solução. Obviamente, $x = 1, y = -1$ é uma solução da referida equação. Iremos provar por paridades que não existe outra solução para a dada equação. Se ambos x e y são pares, então, 8 tem que dividir 2. Isso é impossível. Se x é ímpar, mas y é par, então, $2|1$, o que também é impossível. Se x é par e y ímpar, é semelhante. Se ambos x e y são ímpares, então, $(x - y)|1$, o que é impossível, pois a diferença entre dois números ímpares é par.

(66) Mostre que a equação diofantina $x^2 - y^2 = -2$ não tem solução.

Solução. A solução do Exercício 64 é aplicável.

(67) Mostre que um número racional r é inteiro se, e somente se, $ord_p(r) \geq 0$ para todo número primo p.

Solução. Seja $r = \frac{a}{b}$, onde a e b são números inteiros não nulos. Então, $ord_p(r) = ord_p(a) - ord_p(b)$. Para que r seja inteiro, o número b tem que ser igual a 1 ou b tem que dividir a. Em ambos os casos, $ord_p(b) \leq ord_p(a)$. Isso nos direciona para a solução do exercício.

(68) Mostre que para todo número natural m e k com $k \leq m$, o número $\binom{m}{k}$ é um número natural.

Solução. Este exercício explica que a fórmula combinatória $\binom{m}{k}$, de fato, representa um número natural, que obviamente pela sua própria definição deve ser. Aplicamos o resultado do exercício precedente. Temos que demonstrar que $A = ord_p(\frac{m!}{k!(m-k)!}) \geq 0$. Mas, notamos que

$$ord_p(m!) - ord_p(k!\,(m-k)!)$$
$$= ord_p(m!) - ord_p(k!) - ord_p\big((m-k)!\big).$$

Se $p > m$, então, $ord_p(m!) = 0$. E ao mesmo tempo, $ord_p(k!)$ e $ord_p((m-k)!)$ também são nulos. Portanto, $A = 0$. Quando $2k < m$, temos que $k! < (m-k)!$ e, neste caso, $ord_p(k!) \leq ord_p((m-k)!)$. Mas, por outro lado, temos que $ord_p\big((m-k)!\big) \leq ord_p(m!)$. Logo, $A \geq 0$. Quando $2k > m$, temos que $ord_p\big((m-k)!\big) \leq ord_p(k!)$ e $ord_p(k!) \leq ord_p(m!)$. De novo, $A \geq 0$.

O leitor pode ainda estudar este exercício nas seguintes formulações também:

$$ord_p(m!) - ord_p(k!\,(m-k)!)$$
$$= \sum_{i=1}^{m} ord_p(i) - \sum_{j=1}^{k} ord_p(j) - \sum_{\ell=1}^{m-k} ord_p(\ell) \geq 0.$$

Ou podemos escrever:

$$\binom{m}{k} = \frac{m(m-1)(m-2)\cdots(m-k+1)}{k!}$$

e nessa forma, temos que

$$ord_p\left(\frac{m!}{k!\,(m-k)!}\right) = \sum_{i=1}^{m-k+1} ord_p(i) - \sum_{j=1}^{k} ord_p(j) \geq 0.$$

E isso resolve o problema.

(69) Seja p um número primo e $k < p$ um número natural. Calcule a ordem $ord_p(\binom{p^2}{k}!)$.

Solução. É um bom exercício para pesquisa.

(70) Para um número primo p, calcule $ord_p(\binom{p^2!}{p})$.

Solução. Podemos utilizar o Lema 2.17. Temos que

$$ord_p\left(\binom{p^2!}{p}\right) = p + 1 - 1 - ord_p\big((p^2! - p)!\big) = p - \lfloor \sum_{j \geq 1} \frac{p^2! - p}{p^j} \rfloor .$$

(71) Sejam n e k números naturais, e $n > k$. Mostre que para todo número primo p vale a desigualdade $ord_p(n!) \geq ord_p(k!\,(n-k)!)$.

Sugestão: Pode ser utilizada a desigualdade antitriângulo do Exercício 8 do Capítulo 1.

Solução. Pode ser utilizada a sugestão dada ou aplicar o fato de que $\binom{n}{k}$ é um número natural.

(72) Mostre que, com dados do Exercício 71, o número $\binom{n}{k}$ é um número natural. Esta é outra maneira de provar o resultado do Lema 2.22 item (4).

Solução. Sendo o referido número positivo, então, o resultado do exercício precedente mostra que $\binom{n}{k}$ é um número natural.

(73) Mostre que para todo número natural n vale a igualdade:

$$\binom{2n+1}{n} = \binom{2n+1}{n+1}.$$

Sugestão: Para mostrar essa igualdade, basta calcular os dois lados e comparar.

Solução. Siga a sugestão dada.

(74) Mostre que um número inteiro não nulo b divide um número inteiro a se, e somente se, $ord_p(b) \leq ord_p(a)$ para todo número primo p.

Solução. Aplique a solução do Exercício 67.

(75) Mostre que para todo número primo p vale a seguinte igualdade:

$$ord_p\left(\prod_{i=0}^{n} p^i\right) = \frac{n(n+1)}{2}.$$

Solução. $ord_p\left(\prod_{i=0}^{n} p^i\right) = \sum_{i=0}^{n} i = 1 + 2 + \cdots + n$. Obviamente, sabemos que a soma do lado direito da segunda igualdade é $\frac{n(n+1)}{2}$. A Indução Matemática mostra o resultado desejado (veja Exemplo 1.21 do livro [Sho utn]). Também, notamos que esse é um número triangular.

(76) Para um número primo p, um número natural n e um número inteiro a, definimos $ord_p^n(a)$ como $ord_p\left(ord_p((\cdots(a)\cdots))\right)$, n vezes. Mostre que $ord_p^3(p^{p^n}) = 0$, caso p não divide n.

Solução. Essa definição deve ser entendida como n vezes a composição da função ord_p consigo mesma. Para explicar, considere

$$ord_p^3(p^{p^n}) = ord_p\left(ord_p\left(ord_p(p^{p^n})\right)\right) = ord_p\left(ord_p(p^n)\right) = ord_p(n) = 0\ ,$$

Logo, pela mesma ideia, temos que $ord_p^3(p^{p^n}) = 0$.

A forma mais geral para este exercício deve ser $ord_p^3(p^{p^n}) = ord_p(n)$. Logo, se p não divide n, a ordem é zero.

(77) Para um conjunto finito de números primos $p_1, p_2, \cdots, p_k$ e todo número inteiro a, definimos

$$ord_{p_1 p_2 \cdots p_k}(a) = ord_{p_1}(a) ord_{p_2}(a) \cdots ord_{p_k}(a).$$

Sejam p e q dois números primos distintos. Mostre o seguinte:

(1) $ord_{pq}(p) = ord_{pq}(q) = 0$.

(2) $ord_{p^n}(a) = \left(ord_p(a)\right)^n$.

(3) $ord_{pq}(p^n q^m) = nm$.

(4) $ord_{pq}(a) \geq ord_p(a)$ e $ord_{pq}(a) \geq ord_q(a)$.

Solução. Todos os itens são consequências da definição.

(78) Para qualquer conjunto finito de números primos $p_1, p_2, \cdots, p_k$ e qualquer inteiro a, definimos

$$ord_{p_1 + p_2 + \cdots + p_k}(a) = ord_{p_1}(a) + ord_{p_2}(a) + \cdots + ord_{p_k}(a).$$

Sejam p e q dois números primos distintos. Mostre o seguinte:

(1) $ord_{p+q}(p^n) = ord_p(p^n) = n$.

(2) Mostre que $ord_{p+q}(p^n q^m) = n + m$.

(3) Mostre que $ord_{p+q}(a) \geq ord_p(a)$ e $ord_{p+q}(a) \geq ord_q(a)$.

(4) Mostre que quando $ord_p(a) \geq 2$ e $ord_q(a) \geq 2$, então,

$$ord_{pq}(a) \geq ord_{p+q}(a).$$

Solução. Todos os itens são consequências da definição.

Capítulo 3

Números especiais

No Capítulo 3 do livro [Sho utn], existem 89 exercícios. Estes são resolvidos, respondidos e tratados para uma melhor apresentação neste capítulo. Os problemas são sobre números repetidos, números geométricos, números de Fibonacci, de Lucas, números de Mersenne, de Fermat, perfeitos e amigáveis. Os exercícios sobre os números geométricos dizem respeito aos triangulares, quadrados etc. Uma referência para este capítulo é o livro [Sho not], no qual alguns temas deste capítulo são apresentadas com mais detalhes.

Como é escrito no prefácio, quando não é indicado explicitamente, a numeração das fórmulas, dos teoremas, lemas, proposições e exemplos de referência são do livro [Sho utn].

3.1 Exercícios e suas soluções

(1) Escreva os números repetidos $N(101;3), N(101;4)$ e $N(101;6)$ na forma decimal. Eles são primos?

Resposta. Os referidos números são, respectivamente, iguais a $101, 1011$, e 101101. O primeiro é primo, o segundo número não é primo, a soma dos algarismos do terceiro número é divisível por 3 e, portanto, não é primo também.

(2) Seja a um número natural de um algarismo entre 2 e 9. É possível que $N(a;k)$ seja um número primo?

Solução. $N(a;k)$ é primo quando a é primo e $k = 1$. Porém, em geral, $N(a;k)$ não é primo quando $k > 1$, pois ele é sempre divisível por a. Logo, é composto.

(3) Seja a um número natural de um algarismo. Mostre que vale a seguinte versão mais geral da fórmula de recorrência (3.2).

$$N(a;k) = a \cdot 10^{k-1} + N(a;k-1).$$

Solução. Sendo $N(a;k)$ de k algarismos e formado por algarismos todos iguais a a, temos, então, que

$$N(a;k) = a \cdot 10^{k-1} + a \cdot 10^{k-2} + \cdots + a \cdot 10 + a.$$

Mas, essa soma é igual a $a \cdot 10^{k-1} + N(a;k-1)$.

(4) Sejam a e b dois números naturais de k algarismos, cujos algarismos são números menores que 5. Mostre a seguinte fórmula de adição para $N(a;k)$ e $N(b;k)$.

$$N(a;k) + N(b;k) = N(a+b;k).$$

Solução. A soma dos números $aa + bb = a + b\ a + b$, que são formados por dois algarismos iguais $a + b$, são iguais à repetição de $a + b$ quando a e b são menores que 5. O caso geral é semelhante.

(5) Números simétricos. Um número natural de k algarismos $a = a_{k-1} \cdots a_1 a_0$ será chamado de número simétrico quando k for ímpar e a respeito do centro da simetria $a_{\frac{k-1}{2}}$, valem as seguintes igualdades:

$$a_{k-1} = a_0, \qquad a_{k-2} = a_1, \qquad \cdots, \qquad a_\ell = a_{k-1-\ell}.$$

Por exemplo, os números $2456542, 11111, 900121009$ são simétricos.

(a) Mostre que $N(1;k)^2$ é um número simétrico.

(b) O número $N(2;4)^2$ é simétrico?

(c) É verdadeiro que $N(2a;k) = 2N(a;k)$?

(d) É possível calcular o número de algarismos de $N(1;k)^2$?

(e) Considere a seguinte lista:
$N(1;2)^2 = 121, \qquad N(1;3)^2 = 12321, \qquad N(1;4)^2 = 1234321.$

É possível achar uma fórmula geral para o cálculo de $N(1;k)^2$?

(f) É possível desenvolver uma fórmula geral para o cálculo de $N(1;k)^3$?

(g) Mostre que $N(1;3)^3$ é um número simétrico. O centro da simetria 7. $N(1;5)^3$ é simétrico?

Solução. Para que o resultado do item (a) seja verdadeiro, é necessário que $k < 10$. Neste caso, temos a seguinte lista de números:

$N(1;2)^2 = 121$, o centro da simetria é 2;

$N(1;3)^2 = 12321$, o centro da simetria é 3;

$N(1;4)^2 = 1234321$, o centro da simetria é 4;

$N(1;5)^2 = 123454321$, o centro da simetria é 5;

$N(1;6)^2 = 12345654321$, o centro da simetria é 6;

$N(1;7)^2 = 1234567654321$, o centro da simetria é 7;

$N(1;8)^2 = 123456787654321$, o centro da simetria é 8;

$N(1;9)^2 = 12345678987654321$, o centro da simetria é 9.

Mas, logo para $k = 10$, temos que $N(1;10)^2 = 1234567900987654321$ é um número de 19 algarismos que, de acordo com nossa definição, não é um número simétrico.

A resposta para o item (b) é negativa.

A resposta para o item (c) é negativa. Considere $a = 6$ e $k = 3$. Neste caso, temos que $N(2 \cdot 6;3) = N(12;3) = 121$. Por outro lado $N(6;3) = 666$. Mas, $121 \neq 2 \cdot 666$.

Para o item (d), quando $2 < k < 10$, como a lista acima mostra, ‖N(1;k)‖= ‖N(1;k-1)‖+2. Em geral, para um dado número k, a fórmula da Proposição 1.8 é aplicável.

(h) Logo, a partir de $k = 4$, o referido número não é simétrico e, em geral, é difícil achar uma fórmula para k arbitrário.

Para achar a resposta do item (g), basta fazer os cálculos.

(6) Mostre que quando $N(1;k)$ é primo, então, k é primo.

Solução. Podemos provar que se k não for primo, então, $N(1;k)$ não será primo. Alguns casos são óbvios. Quando k é par maior que 1, o número $N(1;k)$ é divisível por 11. Quando k é um número maior que 3 e divisível por 3, então, o número $N(1;k)$ é divisível por 3. Em geral, notamos que o número $N(1;k)$ tem a seguinte representação de potenciação:

$$N(1;k) = 10^{k-1} + 10^{k-2} + \cdots + 10 + 1.$$

O lado direito da igualdade precedente pode ser reescrito como:

$$N(1;k) = \frac{10^k - 1}{10 - 1} = \frac{1}{9}\left(10^k - 1\right).$$

Se k não é primo, então, existem números naturais a e b ambos maiores que 1, tal que $k = ab$. Neste caso, $10^k - 1$ é reescrito como o produto de dois números naturais maiores que 1, onde um deles é $10^b - 1$. Isso mostra que, então, $N(1;k)$ não é primo.

(7) Ache os divisores primos de $N(1;4), N(1;6)$ e $N(1;9)$.

Solução. No primeiro caso, um divisor é 11. Logo, $N(1;4) = 11 \cdot 101$ e no segundo caso, um divisor é 3. Utilizando programas de computador que mostram os divisores de um número, temos que $N(1;6) = 3 \cdot 7 \cdot 11 \cdot 13 \cdot 37$. No terceiro caso, também um divisor é 9, logo, $N(1;9) = 3^2 \cdot 37 \cdot 333667$.

(8) Mostre que $N(1;k)$ não pode dividir $N(1;k+1)$.

Solução. Obviamente, k tem que ser maior que 1 para que o exercício tenha uma resposta não trivial. E quando $k > 1$, podemos reescrever o número $N(1;k+1)$ como:

$11 \cdots 110 + 1$, que é $k-1$ repetição de 1, um zero e a soma com 1.

Por outro lado, $\frac{N(1;k+1)}{N(1;k)} = 10N(1;k) + \frac{1}{N(1;k)}$, que explica porque o resultado é verdadeiro.

(9) É verdadeiro que $N(a;k) | N(a;2k)$?

Solução. A resposta não é sempre afirmativa. De fato, se a é um número natural de um algarismo, temos que $N(a;2k) = t_k N(a;k)$, onde $t_1 = 11$, $t_2 = 101$ e, em geral, $t_k = 100 \cdots 001$, que é um número de $k+1$ algarismos. E no caso geral, não é sempre verdadeiro que $N(a;k) | N(a;2k)$. Por exemplo, $N(52;3) = 525$, que não divide o número $N(52;6) = 525252$.

(10) Números quadrados e fatoriais. Algumas vezes, o número $1 + n!$ é um número quadrado. Por exemplo, $1 + 4! = 5^2, 1 + 5! = 11^2$ e $1 + 7! = 71^2$. É possível achar outro?

Solução. Para responder a esta questão, uma maneira é desenvolver um programa de computador e testar os casos diferentes. Até $n = 10000$ não foi encontrado nenhum número tal que $1 + n!$ fosse um quadrado, exceto para $4, 5$ e 7. Em geral, a questão fica para resolver a equação diofantina $x! = y^2 - 1$.

(11) Mostre que todos os números de Fermat, a partir de $F_2 = 17$, terminam em 7.

Solução. Podemos utilizar a Indução Matemática e mostrar que os números $F_n - 1$ terminam em 6 a partir de $n = 2$. De fato, $2^{2^n} = 16$ para $n = 2$. Suponhamos que 2^{2^n} termine em 6, então, temos que $2^{2^{n+1}} = \left(2^{2^n}\right)^2$ também termina em 6.

(12) Mostre que nenhum número de Fermat é par.

Solução. É óbvio, pois esses números são a soma de um número par com o ímpar 1.

(13) Mostre que quaisquer dois números de Fermat são coprimos.

Solução. Veja o livro [Sho not], Capítulo 4, Teorema 4.3.

(14) Existe um número de Fermat de 90 algarismos?

Solução. Um cálculo direto utilizando a fórmula (3.8) do livro [Sho utn] mostra que para $n = 8$, o número de algarismos de F_8 é 77, enquanto para $n = 9$, o número de algarismos é 154. Portanto, a resposta do exercício é negativa.

(15) Existe um número de Mersenne de 90 algarismos?

Solução. A fórmula (3.9) do livro citado mostra que para $n = 289$, o número desejado existe.

(16) Mostre que o número 4294967296 de 10 algarismos não pode ser um número de Mersenne.

Solução. Pois ele é par.

(17) Ache todos os números naturais n, tal que 2^n possuam 31 algarismos.

Solução. A fórmula da Proposição 1.8 do livro [Sho utn] mostra que $n = 99$. Logo, a resposta é o conjunto dos números naturais de 99 algarismos.

(18) Função algarismo. Considere a função algarismo definida por

$$\| \, \|: \mathbb{N} \rightarrow \mathbb{N}$$

associando a cada número natural n o número $\| n \|$ de seu algarismo. A função $\| \, \|$ para o conjunto de números de Mersenne é sobrejetora?

Solução. Como os exemplos de números de Mersenne no livro [Sho utn] mostram para os números k de 1 até 7, sempre existe um número de Mersenne com k algarismos. A quantidade de algarismos de um número de Mersenne M_n é dada por $\|M_n\| = 1 + \lfloor \log_{10}(2^n - 1) \rfloor$. Essa fórmula é igual à fórmula (1.5) do livro [Sho utn], onde, em vez de n, foi colocado $M_n = 2^n - 1$. A seguinte fórmula é mais prática e foi desenvolvida baseada no cálculo dos algarismos de pequenos números de Mersenne. Para que a função algarismo no conjunto de números de Mersenne seja sobrejetora, é necessário que a equação (veja a fórmula (3.9) do livro [Sho utn]) $1 + \lfloor n \log_{10} 2 \rfloor = k$ para um dado número natural k e incógnita n tenha solução. Supondo que $\log_{10} 2 = 0{,}3010299956$, então, a fórmula precedente pode ser reescrita como $\lfloor n \cdot 0{,}3010299956 \rfloor = k$. Obviamente, essa equação possui solução.

(19) Para o subconjunto de números de Fermat, a função algarismo é sobrejetora?

Solução. Já sabemos pelos exemplos no livro citado que F_0, F_1 possuem um algarismo, F_2 tem dois algarismos, F_3 tem três algarismos e F_4, cinco algarismos. Então, notamos que não existe um número de Fermat de quatro algarismos. Também veja o Exercício 14. Portanto, a resposta do exercício é negativa.

(20) É possível que um número de Fermat seja igual a um número de Mersenne?

Solução. A resposta é negativa; veja o livro [Sho not], Capítulo 4.

(21) Mostre que no conjunto de números de Fermat a operação de adição (soma) de números não é fechada. Isso quer dizer que soma de dois números de Fermat não é necessariamente um número de Fermat.

Solução. Veja o livro [Sho not], Capítulo 4.

(22) Faça o mesmo do exercício precedente para o conjunto de números de Mersenne.

Solução. Sejam $2^m - 1$ e $2^n - 1$ dois números de Mersenne. A soma desses não pode ser um número de Mersenne. Pois, supondo por absurdo que existe um número de Mersenne $2^k - 1$, tal que $2^m - 1 + 2^n - 1 = 2^k - 1$, isso é impossível, pois o lado esquerdo da igualdade é sempre par, mas o lado direito é sempre ímpar.

(23) Mostre que cada dois números de Mersenne consecutivos são coprimos.

Solução. Considere os números $2^n - 1$ e $2^{n+1} - 1$. Se eles não são coprimos, então, existe um número natural $d > 1$ que divide ambos. Logo, d divide a diferença deles, $d|2^n$. Logo, $d|1$ também. Isso é uma contradição da nossa suposição.

(24) Seja x um número real. Mostre que para todo número natural n ímpar vale a seguinte igualdade:

$$x^n + 1 = (x + 1)(x^{n-1} - x^{n-2} + \cdots - x + 1).$$

Solução. Para provar essa igualdade, aplicamos a Indução Matemática a respeito de n ímpar. Sabemos que ela é verdadeira para $n = 1$. Suponhamos que a referida igualdade seja verdadeira para o número $2k - 1$ ímpar e todos os valores $\ell < 2n - 1$ ímpares. De nossa suposição, iremos deduzir que ela é verdadeira para $2k + 1$. Calculemos os seguintes:

$$x^{2k+1} + 1 = x^{2k+1} + x^{2k} - x^{2k} - x^{2k-1} + x^{2k-1} + 1 =$$
$$x^{2k}(x+1) - x^{2k-1}(x+1) + x^{2k-1} + 1 =$$
$$x^{2k}(x+1) - x^{2k-1}(x+1) + (x+1)\left(x^{2k-2} - x^{2k-3} + \cdots - x + 1\right) =$$
$$(x+1)\left(x^{2k} - x^{2k-1} + x^{2k-2} - x^{2k-3} + \cdots - x + 1\right).$$

Isto mostra a validade do resultado desejado.

(25) Com os dados do exercício precedente, mostre que para $x > 1$ e $2n + 1$ ímpar, vale a seguinte desigualdade:

$$x^{n-1} - x^{n-2} + \cdots - x + 1 > 1.$$

Solução. Quando $x > 1$, temos que $x^{n+1} + 1 > x + 1$. Logo, a fração $\frac{x^{n+1}+1}{x+1} > 1$. Isso implica o resultado desejado.

(26) Mostre que se um número natural de forma $a^n + 1$ com $a > 1$ e $n > 1$, ambos naturais, é primo, então n é par.

Sugestão: Supondo, por absurdo, que n tenha um divisor ímpar $s > 1$. Aplique o Exercício 24 a $x = a$ e $n = rs$, e decomponha:

$$a^n + 1 = a^{rs} + 1 = (a^r + 1)(a^{r(s-1)} - a^{r(s-2)} + \cdots - a^r + 1).$$

Lembrando que $s \geq 3$, então, pelo Exercício 25 ambos os fatores $a^r + 1$ e $a^{r(s-1)} - a^{r(s-2)} + \cdots - a^r + 1$ são maiores que 1.

Solução. Iremos supor, por absurdo, que n não é par e possui um divisor ímpar $s \geq 3$. Basta seguir a sugestão dada utilizando $u = a^r$ e temos que $u^s + 1 = (u+1)(u^{s-1} - u^{s-2} + \cdots - u + 1)$. O lado esquerdo é exatamente $a^n + 1$ e o lado direito é o produto de dois inteiros maiores que 1. Isso é uma contradição da primalidade do lado esquerdo.

(27) A origem do número de Fermat. Referente ao exercício precedente, mostre que se $a^n + 1$ é primo, então, $n = 2^k$ para algum número natural k.

Solução. De acordo com o exercício precedente, se $a^n + 1$ é um número primo, então, n não pode ter um divisor ímpar. Daí, logo, $n = 2^k$ para algum número natural k. Agora, na construção dos números de Fermat, o número a é considerado igual a 2 (observamos que números como $a^n + 1$ para $a = 3, 5, 7$ não podem ser primos, pois sempre são pares). É por isto que este exercício é referido como a origem do número de Fermat.

(28) Mostre que os números de Mersenne não são quadrados. Para isso, veja o Exemplo 3.12.

Solução. Veja o Exemplo 3.12. A explicação é suficiente.

(29) Mostre que para todo número natural $k \geq 1$, o número $k^2 + k + 1$ é ímpar.

Solução. Considere dois casos: k par e k ímpar.

(30) Use o resultado do exercício precedente e mostre que os números de Fermat não podem ser cúbicos, quer dizer, não têm a forma k^3 para algum número natural k.

Solução. Suponhamos, por absurdo, que existem números naturais n e k, tal que $2^{2^n} + 1 = k^3$. Logo, $2^{2^n} = k^3 - 1 = (k-1)(k^2 + k + 1)$. Pelo exercício precedente, o segundo fator do lado direito é sempre impar, logo, a representação aritmética do produto é $2^{\alpha} p_1^{\alpha_1} \cdots p_m^{\alpha_m}$. Portanto, temos que $2^{2^n} = 2^{\alpha} p_1^{\alpha_1} \cdots p_m^{\alpha_m}$ com números primos distintos. Após o cancelamento de todas as potências de 2, teremos uma igualdade que, no lado esquerdo, pode ser 1 e no lado direito, o produto de números maior que 1. Ou no lado esquerdo uma potência de 2 e no lado direito o produto de números ímpares. Todo caso é impossível. Portanto, a nossa suposição é uma contradição.

(31) Mostre que o número $k^3 + 1$ para k par é ímpar e para k ímpar é par.

Solução. Pode ser aplicada a mesma ideia do Exercício 29.

(32) Use o resultado do exercício precedente e mostre que os números de Mersenne não podem ser cúbicos.

Solução. Primeiro, notamos que para todo número natural k o número $k^2 - k + 1$ é ímpar (mesma ideia do Exercício 29). Agora, suponhamos, por absurdo, que existam números naturais n e k, tal que $2^n - 1 = k^3$. Logo, $2^n = k^3 + 1 = (k+1)(k^2 - k + 1)$. Daqui por diante a mesma ideia da solução do Exercício 30 é aplicável.

(33) Mostre que para todo número natural $k > 1$ o número $k + 2$ ou $k - 1$ é ímpar.

Solução. Se k é par, então, $k - 1$ é ímpar e $k + 2$ é par. Se k é ímpar, então, $k + 2$ é ímpar e $k - 1$ é par. Sempre com paridades diferentes.

(34) Use o exercício precedente e mostre que para todo número natural $n > 1$ os números de Fermat F_n não podem ser triangulares.

Solução. Suponhamos, por absurdo, que existam números naturais n e k, tal que $2^{2^n} + 1 = \frac{k(k+1)}{2}$. Isso pode ser reescrito como $2 \cdot 2^{2^n} = (k + 2)(k - 1)$. Pelo exercício precedente, um dos fatores do lado direito é sempre par e o outro, ímpar. O lado direito pode ser representado como o produto $2^\alpha p_1^{\alpha_1} \cdots p_m^{\alpha_m}$. Logo, $2 \cdot 2^{2^n} = 2^\alpha p_1^{\alpha_1} \cdots p_m^{\alpha_m}$ com números primos distintos. Após o cancelamento por todas as potências de 2, teremos uma igualdade com um lado podendo ser par e o outro ímpar ou um lado 1 e o outro o produto dos números primos. Isso é uma contradição da nossa suposição.

(35) É possível que a soma de dois números triangulares seja um número triangular? Podemos dizer que isso sempre acontece?

Solução. Notamos que a soma do número triangular 3 consigo mesmo é o número triangular 6. Em geral, a resposta do exercício é negativa. Por exemplo, considere a soma do número triangular 3 com o número triangular 10. O resultado é 13, que não é triangular.

Para estudar este problema, e procurar uma condição necessária e suficiente para saber quando a soma de dois números triangulares é um número triangular, a solução volta à questão para saber se a equação diofantina $x^2 + y^2 - z^2 + x + y - z = 0$ possui solução.

Para obter mais informações a respeito dos números triangulares, veja o livro [Sho not].

(36) Mostre que o único número triangular primo é 3.

Solução. Veja o livro [Sho not].

(37) É possível que a soma de um número triangular consigo mesmo seja um número quadrado?

Solução. Mostramos que, de fato, a soma de dois números triangulares iguais não é um número quadrado. A soma de $\frac{k(k+1)}{2}$ consigo mesmo é $k(k+1)$, que é o produto de dois número consecutivos. Se este produto for quadrado, então, existirá um inteiro n, tal que $k(k+1) = n^2$, pelo fato de que os números k e $k+1$ em suas representações aritméticas não têm divisores comuns. Logo, o produto das representações é um número quadrado n^2 que, por sua vez, é o quadrado da representação aritmética de n. Logo, os dois fatores k e $k+1$ têm que ser quadrados. Suponhamos, então, que $k = x^2$ e $k+1 = y^2$. Isso implica que $y^2 - x^2 = 1$ ou $y + x = \pm 1$, e $y - x = \pm 1$. Daí, $y = \pm 1$ e $x = 0$ são as possibilidades. Logo, $k = 0$. Neste caso, o número $\frac{k(k+1)}{2} = 0$ e não é triangular. Isso completa a solução.

(38) Mostre que a soma de dois números triangulares consecutivos é sempre um número quadrado.

Solução. Geometricamente, isso é viável. Para uma demonstração, veja o livro [Sho not].

(39) Qual é o maior número triangular menor que 100?

Solução. Veja o livro [Sho not].

(40) É possível oferecer uma maneira geral de determinar se um dado número natural é triangular?

Solução. Seja k um número natural dado. Para verificar se ele é triangular, calculamos o chão $\lfloor\sqrt{2k}\rfloor$ e colocamos como sendo igual a n. Se $\frac{n(n+1)}{2}$ for igual a k, então, k será triangular.

Por exemplo, se $k = 11118$, então, o chão da raiz quadrada do dobro de k é igual a 149, mas

$$\frac{149 \times 150}{2} = 11175 \neq 11118.$$

Portanto, neste caso, k não é triangular. Como outro exemplo, considere $k = 91$. Neste caso, $\lfloor\sqrt{2 \times 91}\rfloor = 13$. E, $\frac{13 \times 14}{2} = 91$. Portanto, 91 é triangular.

(41) Mostre que vale a seguinte igualdade para os números triangulares:

$$\Delta_{n+1} = n + 1 + \Delta_n.$$

Solução. Veja o livro [Sho not].

(42) Justifique por que, na lista de números triangulares a partir de $\Delta_1 = 1$, a paridade de cada dois números muda. Por exemplo, Δ_1 e Δ_2 têm as mesmas paridades (ambos ímpares) e Δ_3 e Δ_4 têm as mesmas paridades (ambos pares).

Solução. Se Δ_n é um número triangular par, o seu próximo também é par. Precisamos acrescentar um número ímpar de bolas para construir o próximo número (o terceiro) da lista. Portanto, a soma de par e ímpar é ímpar. Para chegar ao número quarto da lista, é preciso acrescentar um número par de bolas. Isso implica que o quarto número triangular é a soma de par e ímpar, logo, é ímpar. Assim por diante.

(43) Perímetro do número triangular. Relembramos que os números geométricos podem ser construídos fisicamente com bolas iguais distribuídas homogeneamente para formar uma figura geométrica. Por exemplo, para o número triangular Δ_4 são usadas 10 bolas. Para o número quadrado 16 são usadas 16 bolas. Para $n \geq 3$, definimos o *perímetro* de Δ_n como o número de bolas que formam o perímetro físico do triângulo isósceles Δ_n. Mostre que se $Perim(\Delta_n)$ denota o perímetro de Δ_n, então, vale a seguinte identidade:

$$\Delta_{n+3} - Perim(\Delta_{n+3}) = \Delta_{n,} \ n \geq 1.$$

Solução. O exercício como está escrito não é bem claro. O perímetro deve ser definido de antemão como $3n + 6$. Logo, temos a igualdade desejada.

(44) Perímetro de um número quadrado. Definimos o *perímetro* de um número quadrado $\square_n$ como o número de bolas que formam o perímetro físico de $\square_n$. Mostre que se $Perim(\square_n)$ denota o perímetro de $\square_n$, então, vale a seguinte identidade:

$$\square_{n+2} - Perim(\square_{n+2}) = \square_n, \quad n \geq 1.$$

Solução. Veja o Lema 2.5 do livro [Sho not] para saber a resolução.

(45) Verifique se $n = 1365378$ é um número triangular.

Solução. A resposta é afirmativa. Veja o Exercício 40 para obter um método de achar a resposta.

(46) Triplos pitagorianos. É possível que a soma de dois números quadrados seja um número quadrado? Se a resposta é afirmativa, então, quantos números quadrados existem que são a soma de dois quadrados?

Sugestão: A resposta é afirmativa, por exemplo, $a = 9$, $b = 16$ *e* $c = 25$. *De fato, existem infinitos casos assim. Todos os triplos* (a, b, c), *tal que* $a^2 + b^2 = c^2$ *são chamados de triplos pitagorianos. Para gerar esses triplos, basta escolher dois números inteiros* u *e* v *primos entre si e definir* $a = u^2 - v^2, b = 2uv$ *e* $c = u^2 + v^2$. *Agora, mostre que* $a^2 + b^2 = c^2$ *e que o maior número que divide* a, b *e* c *é* 1.

Solução. Siga a sugestão dada.

(47) Seja $n > 3$ um número natural. Mostre que quando n é um número triangular, então, o número de Mersenne $2^n - 1$ é composto.

Solução. Quando um número triangular é maior que 3, ele é composto (veja o Exercício 36). Agora, pode ser aplicada a Proposição 3.10 do livro [Sho utn].

(48) Mostre a seguinte identidade para os números quadrados e triangulares:

$$\square_n = \Delta_n + \Delta_{n-1} = n + 2\Delta_{n-1}, \quad n > 1.$$

Solução. Veja o livro [Sho not].

(49) Use o exercício precedente e mostre que todo número natural $n > 1$ é igual à diferença de dois números triangulares consecutivos.

Solução. É óbvio.

(50) Mostre a seguinte fórmula de recorrência para os números triangulares:

$$1 + 2\Delta_{n-1} = \Delta_n + \Delta_{n-2}, \quad n > 2.$$

Solução. Basta somar os lados e comparar. O lado esquerdo é igual a $1+2\cdot\frac{n(n-1)}{2}=n^2-n+1$. O lado direito é igual a $\frac{n(n+1)}{2}+\frac{(n-2)(n-1)}{2}=\frac{2n^2-2n+2}{2}$. Isso explica a solução do exercício.

(51) Mostre que um número natural n é perfeito se, e somente se, $\sum_{d\in Div(n)} d=2n$.

Solução. Temos que $Div(n)=D(n)\cup\{n\}$. Isso implica a solução, relembrando qual é a definição de um número perfeito.

(52) Seja p um número primo e n um número natural. Calcule o número de elementos de $D(p^n)$ e também o número $\sigma(p^n)$.

Solução. $Div(p^n)=\{1,p,\cdots,p^{n-1},p^n\}$. Portanto, este conjunto possui n elementos. Por outro lado, $D(p^n)$ possui $n-1$ elementos, que são todos os elementos de $Div(p^n)$, exceto p^n. Pela Notação 3.13 do livro [Sho utn], temos que

$$\sigma(p^n)=\sum_{d\in Div(n)} d=1+p+\cdots+p^{n-1}=\frac{p^n-1}{p-1}.$$

(53) Mostre que com os dados do exercício precedente, p^n não pode ser um número perfeito.

Solução. Se fosse perfeito, então, teríamos que $\frac{p^n-1}{p-1}=p^n$. Essa igualdade implica que $2p^n-\ p^{n+1}=1$. Logo, $p|1$ é impossível.

(54) Sejam a e n números naturais. Considere a identidade:

$a^n-1=(a-1)(a^{n-1}+a^{n-2}+\cdots+1)$.

Mostre que se a^n-1 é primo, então, $a=2$.

Solução. Se $a^n - 1$ é primo, então, pela referida identidade, ele é decomposto o como produto de dois números naturais. Isto só seria possível se um dos fatores fosse igual a 1. Mas o segundo fator do lado direito do produto não pode ser igual a 1, pois a é maior ou igual a 1, sendo um número natural. Logo, o primeiro fator tem que ser igual a 1. Portanto, $a - 1 = 1$ implica que $a = 2$.

(55) A origem do número de Mersenne. Com os dados do exercício precedente, mostre que quando $2^n - 1$ é um número primo, então, n é primo (veja a Proposição 3.10).

Solução. Utilize a Proposição 3.10.

(56) Mostre que os números $a = 2^{30} \cdot 2147483647$ e $b = 2^{60} \cdot 2305843009213693951$ são números perfeitos. Calcule o número de algarismos de a e b.

Solução. Aplique definição e um programa de computador.

(57) Mostre que no método de Thabit, os números $2^n\, pq$ e $2^n r$ são pares amigáveis se

$p = (3 \cdot 2^{n-1}) - 1, q = (3 \cdot 2^n) - 1$ e $r = (9 \cdot 2^{2n-1}) - 1$

são todos primos ímpares quando $n > 1$.

Solução. Notamos que $r = pq + p + q$. Por exemplo, para $n = 2$, temos que $p = 5, q = 11$ e $r = 71$, todos sendo números primos. Para o mesmo valor de n, então, o par $(2^2 \cdot 5 \cdot 11, 2^2 \cdot 71) = (220, 284)$ é amigável, sendo o mesmo que, no livro [sho utn], é dado como um exemplo. Mas, para $n = 3$, temos que $p = 11, q = 23$, ambos primos. Por outro lado, $r = 287$ não é um número primo. Logo, para $n = 3$, o método de Thabit não rende um par amigável. Deixaremos este exercício como um exercício de pesquisa.

(58) Pelo método de Thabit, gere os pares amigáveis:

$(17296, 18416)$ e $(9363584, 9437056)$.

Solução. Temos que $17296 = 2^4 \cdot 23 \cdot 47$ e $18416 = 2^4 \cdot 1151$. Então, $r = 1151, p = 23, q = 47$. Em particular, temos que $r = pq + p + q$. Logo, pelo Teorema de Thabit, o referido par é amigável. No outro caso, temos que $p = 191, q = 383$ e $r = 73727, n = 7$. E temos que $r = pq + p + q$.

(59) Sejam $a_1 = a_2 = 3^2 \cdot 5^2 \cdot 31$. Mostre que os números

$$5239885167665187975 = a_1 \cdot 439 \cdot 229 \cdot 574823087$$

e

$$5262737823841858425 = a_2 \cdot 439 \cdot 363491 \cdot 363719$$

são pares amigáveis. Este é filho de outro par de números amigáveis.

Solução. Veja o Exemplo 3.19 do livro [Sho utn].

(60) Liste os primeiros 50 números de Fibonacci. Quantos desses são números quadrados, quantos são triangulares, alguns são pentagonais?

Solução. Os primeiros 25 números de Fibonacci são:

$$1, 1, 2, 3, 5, 8, 13, 21, 34, 55, 89, 144, 233, 377, 610;$$
$$987, 1597, 2584, 4181, 6765, 10946, 17711, 28657, 46368, 75025.$$

E $u_{50} = 12586269025$ tem 11 algarismos. Nas listas acima, existe somente um número quadrado, que é 144, e três triangulares que são: $3, 21$ e 55.

Para estudar a possibilidade de algum número de Fibonacci ser pentagonal, primeiro o leitor deve desenvolver um método para detectar quando um dado número natural k é, de fato, pentagonal. A lista pode ser completada bem além dos primeiros 50 números utilizando um programa de computador.

(61) Faça a mesma coisa do exercício precedente para os números de Lucas.

Solução. A mesma ideia do exercício precedente.

(62) Ache todos os números primos de Fibonacci e de Lucas que são menores que 2000.

Solução. Os de Fibonacci são $2, 3, 5, 89, 233, 1597$. Para achar os primos de Lucas, primeiro é preciso fazer uma lista dos números de Lucas até 2000. Essa lista já existe na página 98 do livro [Sho utn] e entre eles, os números $3, 7, 11, 29, 47, 199, 521$ são primos.

(63) Sabemos que os números de Fibonacci, entre outros, satisfazem a seguinte propriedade $u_n|u_{2n}$. Agora, considere a sequência de Lucas. Temos que $v_1|\ v_3, v_3|v_9$ e $v_6|v_{18}$. Será que $v_9|v_{54}$? $v_{12}|v_{36}$?

Solução. Uma maneira é calcular esses números e testar a divisão. Para isso, é preciso um programa de computador. Deixaremos como um exercício de pesquisa.

(64) Mostre que o máximo divisor comum de cada dois números consecutivos da sequência de Lucas é igual a 1.

Solução. Pela fórmula (3.15) do livro citado, temos que $v_{n+1} = v_n + v_{n-1}$. Os primeiros elementos v_1 e v_3 são coprimos. Suponhamos, por absurdo, que v_n e v_{n-1} não são coprimos. Então, existe um número inteiro $d > 1$, tal que $d|v_n$ e $d|v_{n+1}$. A igualdade (3.15) implica que $d|v_{n-1}$ também, regressando, chegará à conclusão que 1 e 3 não são coprimos. Isto é impossível.

(65) Mostre que se $[a, b] = 1$, também $[x_n, x_{n+1}] = 1$ na sequência do tipo de Fibonacci $\{x_n\}_{n=1}^{\infty}$.

Solução. A mesma ideia da solução do exercício precedente.

(66) Para quais números primos a e b de um algarismo na sequência

$$\langle a, b | x_1 = a, x_2 = b, x_{n+2} = x_{n+1} + x_n \rangle$$

são gerados primos de 2 até 100?

Solução. Obviamente, o exercício não está dizendo que todos os primos entre 2 e 100 serão gerados pela referida sequência. O exercício fica mais interessante quando a pergunta é sobre o maior número de primos gerados. Existem números para a e b que a referida sequência não gera nenhum número primo, como $a = 4, b = 6$. Portanto, a resposta do exercício é que a e b devem ser primos distintos.

(67) É possível que a partir de certo índice k, a sequência de Fibonacci seja igual à sequência $\{M_n\}_{n=1}^{\infty}$ de números de Mersenne? Considere a mesma pergunta para a sequência de Lucas.

Solução. Seja $M(k)$ e $M(k+1)$ dois números de Mersenne consecutivos. A soma destes não é o número de Mersenne $M(k+2)$. Então, a resposta do exercício é clara. O mesmo para a sequência de Lucas também vale.

(68) Por meio da Indução Matemática, mostre a seguinte propriedade da sequência $\{u_n\}_{n=1}^{\infty}$ de números de Fibonacci:

$$u_1 + u_3 + \cdots + u_{2n-1} = u_{2n}.$$

Solução. $u_1 = 1, u_3 = 2$ e $u_1 + u_3 = u_4 = 3$. Logo, a referida igualdade do exercício é verdadeira para o caso de $n = 2$. Suponhamos, então, que ela seja verdadeira para o caso de um n. Provaremos que ela também é verdadeira para caso $n + 1$. Somando os dois lados da seguinte igualdade

$$u_1 + u_3 + \cdots + u_{2n-1} = u_{2n}$$

com u_{2n+1}, teremos:

$$u_1 + u_3 + \cdots + u_{2n-1} + u_{2n+1} = u_{2n} + u_{2n+1}.$$

Pela definição da sequência de Fibonacci, o lado direito é igual a u_{2n+2}. A solução está completa.

(69) Mostre a seguinte propriedade da sequência $\{u_n\}_{n=1}^{\infty}$ de números de Fibonacci já demonstrada por Lucas:

$$u_{n+1}^2 - u_n^2 = u_{n-1}u_{n+2}.$$

Solução. O lado esquerdo da igualdade pode ser reescrita como o produto $(u_{n+1} - u_n)(u_{n+1} + u_n)$. Aplicando a definição da sequência de Fibonacci, teremos o resultado desejado.

(70) Da igualdade $v_n = \alpha^n + \beta^n$, deduz-se que $v_{n+1} - v_n = v_{n-1}$.

Solução. Utilizamos a ideia final na demonstração da Proposição 3.30. Temos que $\alpha^{n+1} + \beta^{n+1} = (\alpha^n + \beta^n) + (\alpha^{n-1} + \beta^{n-1})$. Logo, temos que

$$\alpha^{n+1} + \beta^{n+1} - (\alpha^n + \beta^n) = \alpha^{n-1} + \beta^{n-1} = v_{n-1}.$$

(71) Mostre a identidade $v_{n+1}^2 - v_n^2 = v_{n+2}v_{n-1}$.

Solução. A mesma ideia do Exercício 69.

(72) Por meio da Indução Matemática, mostre que para a sequência do tipo de Fibonacci $\{x_n\}_{n=1}^{\infty}$, vale a seguinte identidade da soma de quadrados:

$$x_1^2 + x_2^2 + \cdots + x_n^2 = x_n x_{n+1}.$$

Solução. Quando $n = 2$, a referida igualdade é verdadeira, pois $1 + 1 = 1 \cdot 2$. Suponhamos que ela seja verdadeira para o caso n. Queremos com isso deduzir que ela também é verdadeira para o caso $n + 1$. Somando os dois lados com x_{n+1}^2, teremos que

$$x_1^2 + x_2^2 + \cdots + x_n^2 + x_{n+1}^2 = x_n x_{n+1} + x_{n+1}^2.$$

O lado direito da igualdade precedente é igual a $x_{n+1}(x_n + x_{n+1}) = x_{n+1}x_{n+2}$. Portanto, pela Indução Matemática, a referida igualdade do exercício é verdadeira para todo número natural n.

(73) Por meio da fórmula de Binet (ou Leme), mostre que vale o seguinte resultado de Lucas sobre os números de Fibonacci e Lucas $u_n + v_n = 2u_{n+1}$.

Solução. Pelo Teorema 3.25, temos que $u_n = \frac{\alpha^n - \beta^n}{\alpha - \beta}$. Pela parte final da demonstração da Proposição 3.30, temos que $v_n = \alpha^n + \beta^n$. Portanto, precisamos provar que vale a seguinte igualdade:

$\frac{\alpha^n-\beta^n}{\alpha-\beta}+\alpha^n+\ \beta^n=2\ \frac{\alpha^{n+1}-\beta^{n+1}}{\alpha-\beta}.$

Multiplicando os dois lados por $\alpha-\beta$, precisamos provar que vale a seguinte igualdade:

$\alpha^n-\beta^n+\alpha^{n+1}+\ \alpha\beta^n-\beta\alpha^n-\beta^{n+1}=2\alpha^{n+1}-2\beta^{n+1}.$

Simplificando, temos que provar que

$\alpha^n-\beta^n+\ \alpha\beta^n-\beta\alpha^n=\alpha^{n+1}-\beta^{n+1}.$

Mas essa última igualdade é igual à seguinte:

$\alpha^n(1-\beta)-\beta^n(1-\alpha)=\alpha^{n+1}-\beta^{n+1}.$

Notando que $1-\beta=\alpha$ e $1-\alpha=\beta$, fica claro que os dois lados da igualdade precedente são, de fato, iguais.

(74) Mostre que para todo número natural $n\geq 6$ vale a desigualdade $u_n>n$ e para todo número natural $n>1$ vale a desigualdade $v_n>n$.

Solução. Para $n=6$, vale a desigualdade $u_6=8>6$. Aplicamos a Indução Matemática. Suponhamos que $u_n>n$ e somemos os dois lados com u_{n-1}. Então, $u_{n+1}=u_n+u_{n-1}>n+\ u_{n-1}>n+1$ para $n\geq 6$. Para o caso dos números de Lucas, a solução é semelhante.

(75) Use o exercício anterior e deduza as seguintes desigualdades para as sequências de Fibonacci e Lucas:

$$\prod_{i=6}^{n}u_i>\frac{n!}{120}\ ,\ \prod_{i=2}^{n}v_i>n!.$$

Solução. A partir de $i=6$, temos que

$$u_6\cdot u_7\cdot\cdots u_n>6\cdot 7\cdot\cdots n=\frac{n!}{5!}=\frac{n!}{120}.$$

Para o caso dos números de Lucas, a solução é semelhante.

(76) Ache o menor número natural a, tal que nos seguintes intervalos de números naturais não exista um número de Fibonacci, respectivamente:

entre a e $a+10$, entre a e $a+100$, entre a e $a+1000$.

Solução. No primeiro caso, $a = 35$. Entre 35 e $35 + 10 = 45$ não existe nenhum número de Fibonacci. Para o segundo caso, $a = 234$. O terceiro caso é deixado para o leitor.

(77) Faça o mesmo do exercício precedente para os números de Lucas. Compare as respostas deste e do exercício precedente.

Solução. A mesma ideia do exercício precedente; é preciso fazer uma lista dos números de Lucas.

(78) Mostre que, exceto para os primeiros dois elementos, a sequência do tipo de Fibonacci gerada por $a = 2$ e $b = 1$ é igual à sequência de Lucas.

Solução. Neste caso, a sequência gerada é $2, 1, 3, 4, 7, 11, 18, 29, \cdots$, a mesma de Lucas, exceto os dois primeiros elementos não são iguais aos dois primeiros elementos da sequência de Lucas.

(79) Seja $\{x_n\}_{n=1}^{\infty} = \langle a, a+1 | x_1 = a, x_2 = a+1, x_{n+2} = x_{n+1} + x_n \rangle$ uma sequência do tipo de Fibonacci. Escolha um número para a, tal que a menos de um número finito de elementos a sequência $\{x_n\}_{n=1}^{\infty}$ seja igual à sequência de números de Fibonacci. Escolha um número natural a, tal que a menos de um número finito de elementos a sequência $\{x_n\}_{n=1}^{\infty}$ seja igual à sequência de Lucas. De quantas maneiras é possível escolher a?

Solução. O conceito desse exercício é procurar nas sequências de Fibonacci e Lucas, e saber onde dois elementos são números consecutivos. Na sequência de Fibonacci, este é o caso para $a = 2$ e $b = 3$ somente. Na sequência de Lucas, este é o caso para $a = 3$ e $b = 4$. Não existem outras possibilidades.

(80) Ache a forma geral do m-ésimo elemento da sequência $\{x_n\}_{n=1}^{\infty}$ do exercício precedente. Calcule a diferença $x_{k+1} - x_k$. Mostre que

$$x_{k+1} - x_k = au_{k-1} + u_{k-2}, \quad k > 2.$$

Solução. Temos que os coeficientes de a no cálculo dos elementos x_n são, de fato, u_n. Os termos constantes de x_n são u_{n-1}. Portanto, pelo fato de que $x_{k+1} - x_k = x_{k-1}$, segue-se o resultado.

(81) Suponhamos que $u_{12} = 144$ seja o único número de Fibonacci quadrado maior que 1. É verdade que, então, nenhum número de Lucas é quadrado?

Solução. Obviamente, os números 1 de Lucas e Fibonacci são quadrados, portanto, a resposta não é verdadeira.

Mas este exercício tem outra versão. Notamos que $144 = (12)^2$ é o quadrado do índice de número u_{12}. Portanto, estamos estudando se existe um número de Lucas v_n maior que 1, tal que ele seja igual ao quadrado do seu índice. Para responder, basta utilizar a Proposição 3.30.

(82) Mostre que, exceto por dois primos consecutivos 3 e 5, não existem outros dois primos consecutivos na sequência de Fibonacci.

Solução. A partir de 3, a diferença entre os elementos da referida sequência aumenta mais que 2. Então, não existem mais primos com diferença igual a 2. Em outras palavras, para este exercício e os próximos, os números primos consecutivos são chamados de primos gêmeos (veja o Exercício 88 a seguir).

(83) Mostre que na sequência de Lucas não podem existir dois números primos consecutivos.

Solução. A partir de dois elementos 3 e 4, a diferença dos elementos consecutivos já é maior que 2.

Os dois exercícios precedentes podem ser estudados também no contexto de considerar primos consecutivos aqueles que estão na lista dos primos, um seguido por outro.

(84) A soma das sequências $\{u_n\}_{n=1}^{\infty}$ de Fibonacci e Lucas $\{v_n\}_{n=1}^{\infty}$ é definida de forma geral por $\{u_n\}_{n=1}^{\infty} + \{v_n\}_{n=1}^{\infty} = \{u_n + v_n\}_{n=1}^{\infty}$. Mostre que o lado direito é uma sequência de números pares naturais.

Solução. Utilize o resultado do Exercício 73.

(85) Com os dados do exercício precedente, mostre que a diferença $\{v_n\}_{n=1}^{\infty} - \{u_n\}_{n=1}^{\infty}$ é constituída de números pares naturais.

Solução. Utilize o resultado do Exercício 73.

(86) Mostre que u_n e v_n têm a mesma paridade.

Solução. Aplique os dois exercícios precedentes.

(87) Primos de Sophie Germain. Sophie Germain (para nota rodapé, veja a página 110 do livro [Sho utn]), por volta de 1820, escreveu uma carta para Gauss na qual realizava a primeira demonstração de não existência de solução inteira para certo caso do Último Teorema de Fermat. A conjectura de Fermat, conhecida hoje como Último Teorema de Fermat, diz que não existem números inteiros x, y, z com $xyz \neq 0$ satisfazendo a equação:

$$x^n + y^n = z^n, \text{ com } n \geq 3.$$

Antes de Germain, esse problema foi estudado no aspecto de casos particulares para n. Mas, ela demonstrou que para todos os números primos $\ell \geq 3$, onde $q = 2\ell + 1$ também é primo, a equação precedente não possui solução inteira. Em homenagem a Germain, os números primos ℓ, onde $2\ell + 1$ também são primos, são chamados de *primos de Germain*. Alguns são:

$$2, 3, 5, 11, 19, 23, 41, 57, 83, 89.$$

Uma pergunta em aberto é se existem infinitos primos de Germain.

Ache todos os números primos de Germain entre 1 e 2000.

Solução. Utilize as tabelas de números primos do livro [Sho utn].

(88) Primos gêmeos. Os pares de números como $(3,5)$, $(5,7)$, $(11,13)$, $(17,19)$, $(29,31)$ são alguns pares conhecidos pelo nome de *primos gêmeos*. Em geral, um primo gêmeo é um par (a,b) onde a e b são primos e $b = a + 2$. A pergunta principal em aberto sobre esses primos é se existem infinitos primos gêmeos.

(1) Faça a lista de primos gêmeos (a,b) de 1 até 2000.

(2) Quais números a e b dos primos gêmeos (a,b) entre 1 e 2000 são também primos de Sophie Germain?

Solução. Utilize as tabelas dos números primos no livro [Sho utn].

(89) Primos em progressão aritmética. No ano de 1837, Dirichlet demonstrou que para dois números naturais coprimos a e b, a progressão aritmética $a + rb$, onde r varia de 0 até infinito, contém infinitos números primos. Por exemplo, para $a = 2$ e $b = 3$, a progressão aritmética $a + rb$ contém, entre outros, os seguintes números:

$$2, 5, 8, 11, 14, 17, 20, 23, 26, 29, \cdots$$

entre eles, $2, 5, 11, 17, 23, 29$ são primos.

(1) Ache todos os números da progressão aritmética $2 + 3r$ até $r = 100$.

(2) Detecte todos os primos na progressão do item acima.

(3) Por que, na progressão de $a + rb$, temos que ter $[a,b] = 1$ para gerar primos?

Solução. O primeiro é 2 e último é 302. Se $[a,b] \neq 1$, então, $a + rb$ é sempre composto.

Capítulo 4

Aritmética modular

Neste capítulo, os 67 exercícios que existem no Capítulo 4 do livro [Sho utn] são resolvidos. Os exercícios são a respeito da congruência entre inteiros, suas propriedades e aplicações, e a aplicação em questão do critério de divisão, em criptografia, onde a referência é o livro [Sho crip]. Outros exercícios são a respeito da função $\varphi(n)$ de Euler, classes de resíduo módulo m, congruência e equivalência entre polinômios. Entre os exercícios, encontramos alguns números especiais, como o de Ferrmat, pseudoprimos e números primos. São corrigidos aqueles exercícios que estavam com algumas falhas.

4.1 Exercícios e suas soluções

(1) Sejam a e b números inteiros, $m > 1$ e n números naturais. Mostre que a congruência $a \equiv b(mod\, m)$ implica $a^n \equiv b^n(mod\, m)$.

Solução. Pelo item (6) do Teorema 4.5, vale a congruência $a^2 \equiv b^2(mod\, m)$. Agora, para o caso geral, podemos utilizar a Indução Matemática. Suponhamos que $a^{n-1} \equiv b^{n-1}(mod\, m)$. Multiplicando os dois lados por a e b, respectivamente, o referido teorema mostra que $a^n \equiv b^n(mod\, m)$.

(2) Por meio da congruência entre inteiros, ache o resto da divisão de 7^{901} por 6 e outra vez por 8.

Solução. Sabemos que $7 \equiv 1(mod\ 6)$. Pelo exercício precedente, vale a congruência $7^{901} \equiv 1(mod\ 6)$. O número 1 do lado direito é exatamente o resto da divisão de Euclides, pois é positivo e menor que 6. Em outras palavras, essa congruência pode ser reescrita como $7^{901} = 6k + 1$ para algum inteiro k. A respeito da outra parte da pergunta, temos que $7 \equiv -1(mod\ 8)$. Logo, $6^{901} \equiv (-1)^{901} \equiv -1(mod\ 8)$. Mas, -1 não pode ser interpretado como o resto da divisão de Euclides. Então, podemos escrever $-1 \equiv 7(mod\ 8)$. Logo, o resto da divisão de Euclides é 7. De fato, temos que $7^{901} \equiv 7\ (mod\ 8)$, que pode ser reescrito como $7^{901} = 8k + 7$ para algum inteiro k.

(3) Por meio da congruência entre inteiros, calcule o resto da divisão de 81^{900} pelos seguintes números: $2, 8, 9$ e 10.

Solução. Igual à solução do exercício precedente.

(4) Por meio da congruência entre inteiros, calcule o resto da divisão de 301^{2001} por 2 e 3, e desses, deduza o resto da divisão por 6.

Solução. As congruências $301 \equiv 1(mod\ 2)$ e $301 \equiv 1(mod\ 3)$ implicam, pelo Exercício 1, que $301^{2001} \equiv 1(mod\ 2)$ e $301^{2001} \equiv 1(mod\ 3)$, respectivamente. O fato de que $[2,3] = 1$ implica que $301^{2001} \equiv 1(mod\ 6)$. Também podemos provar independentemente que o resto da divisão de 301 por 6 é 1, logo, $301^{2001} \equiv 1(mod\ 6)$ implica o mesmo para o resto da divisão de 301^{2001} por 6.

(5) Sejam a e b dois inteiros, tal que o resto da divisão deles por m é 1. Mostre que o resto da divisão do produto ab por m também é 1.

Solução. Os dados do exercício implicam que $a \equiv 1(mod\ m)$ e $b \equiv 1(mod\ m)$. Portanto, pelo Teorema 4.5, vale também $ab \equiv 1(mod\ m)$. De fato, 1 é o resto da divisão de Euclides, pois ele não pode ser menor que 1 (se fosse zero, um dos restos da divisão de a ou b por m também seria zero).

(6) Suponhamos que p e q sejam dois números primos distintos e a, um número inteiro. Mostre que se o resto da divisão de a por p e por q é 1, então, o resto da divisão de a por pq também é 1.

Solução. Os referidos dados podem ser reescritos como $a - 1 \equiv 0 \ (mod\, p)$ e $a - 1 \equiv 0 \ (mod\, q)$. Aplicando o item (9) do Teorema 4.5, temos que $a - 1 \equiv 0 \ (mod\, pq)$. Logo, $a \equiv 1 \ (mod\, pq)$.

(7) Mostre que se o resto da divisão de um inteiro a por um número natural $m > 1$ é 1, então, para todo número natural n, o resto da divisão de a^n por m também é 1.

Solução. É uma consequência do Exercício 1.

(8) Mostre que se os restos das divisões de dois números inteiros a e b por um número natural $m > 1$ são iguais, então, o resto da divisão de $a - b$ por m é zero.

Solução. Utilize o item (6) do Teorema 4.5.

(9) Calcule o resto da divisão de $2001^{543} - 12351^{4231}$ por 50.

Solução. Temos que $2001^{543} \equiv 1 (mod\, 50)$ e $12351^{4231} \equiv 1 \ (mod\ 50)$. Logo, pelo exercício precedente, temos que o resto desejado é zero.

(10) O critério da divisão por 2. Mostre que um número natural n é divisível por 2 se, e somente se, sua unidade é divisível por 2.

Solução. Utilizando a representação de potenciação do Capítulo 1 do livro [Sho utn], temos que $n = n_{k-1}10^{k-1} + \cdots + n_1 10 + n_0$. Sabendo que $10 \equiv 0 \ (mod\ 2)$, então, $10^{\ell} \equiv 0 \ (mod\ 2)$ para todo número natural ℓ. Assim, concluímos que

$$n_{k-1}10^{k-1} \equiv 0 \ (mod\ 2), \cdots, n_1 10 \equiv 0 \ (mod\ 2).$$

Somando, temos que $n - n_0 \equiv 0 \ (mod\ 2)$. Portanto, $n \equiv 0 \ (mod\ 2)$ se, e somente se, $n_0 \equiv 0 \ (mod\ 2)$.

(11) O critério da divisão por 3. Mostre que um número natural n é divisível por 3 se, e somente se, a soma de seus algarismos é divisível por 3.

Solução. A mesma ideia da solução do exercício precedente, exceto que agora, consideramos a congruência $10 \equiv 1 \ (mod\ 3)$. Logo, para todo número natural ℓ, temos que $10^{\ell} \equiv 1 \ (mod\ 3)$. Por outro lado, temos que $n_0 \equiv n_0 \ (mod\ 3)$ e somando o lado direito da representação de potenciação, temos

$$n \equiv n_{k-1} + n_{k-2} + \cdots + n_1 + n_0 (mod\ 3).$$

Logo, n é divisível por 3 se, e somente se, a soma de seus algarismos é divisível por 3.

(12) O critério da divisão por 5. Mostre que um número natural n é divisível por 5 se, e somente se, a sua unidade é zero ou cinco.

Solução. A mesma ideia do exercício precedente, exceto que agora, temos que considerar $10 \equiv 0 \ (mod\ 5)$. Logo, para todo número natural ℓ, temos que $10^{\ell} \equiv 0 \ (mod\ 5)$. Daí, somando o lado direito da representação de potenciação de n, temos que $n \equiv n_0 \ (mod\ 5)$. Portanto, n é divisível por 5 se, e somente se, n_0 é divisível por 5. Mas, este é o caso somente quando $n_0 = 5$ ou $n_0 = 0$.

(13) O critério da divisão por 7. Ache uma regra para decidir quando um número natural é divisível por 7.

Solução. Um número de um algarismo é divisível por 7 se, e somente se, ele é igual a 0 ou 7. Se n tem dois algarismos, utilizamos a congruência $10 \equiv 3 \ (mod\ 7)$. Logo, sendo $n = n_1 10 + n_0$, temos que $n \equiv 3n_1 + n_0 \ (mod\ 7)$. Daí, n é divisível por 7 se, e somente se, $3n_1 + n_0$ é divisível por 7. Com a mesma ideia, temos que um número de 7 algarismos é divisível por 7 se, e somente se, a seguinte expressão é divisível por 7:

$$n_6 - 2n_5 - 3n_4 - n_3 + 2n_2 + 3n_1 + n_0 .$$

Deixamos que o leitor faça mais exemplos e estude o caso geral.

(14) O critério da divisão por 11. Ache uma regra para decidir quando um número natural é divisível por 11.

Solução. Obviamente, nenhum número natural de um algarismo é divisível por 11. Portanto, devemos considerar os números de, pelo menos, dois algarismos. As mesmas ideias dos exercícios precedentes, exceto que agora, temos que $10 \equiv -1\ (mod\ 11)$. Se ℓ é um número natural par, temos que $10^{\ell} \equiv 1\ (mod\ 11)$. E quando ℓ é ímpar, temos que $10^{\ell} \equiv -1\ (mod\ 11)$. Agora, é fácil desenvolver o resultado de que um número natural $n = n_{k-1}n_{k-2} \cdots n_1 n_0$ de k algarismos é divisível por 11 se, e somente se, vale o seguinte:

$$\sum_{i=0}^{k-1} (-1)^{k-1-i}\, n_{k-1-i} = 0.$$

Por exemplo, um número de quatro algarismos $n_3 n_2 n_1 n_0$ é divisível por 11 se, e somente se, $-n_3 + n_2 - n_1 + n_0 = 0$.

(15) Mostre que um número natural é divisível por 6 se, e somente se, ele é divisível por 2 e 3.

Solução. É óbvio.

(16) Calcule o oposto de todas as classes de $\mathbb{Z}/20\mathbb{Z}$.

Solução. O oposto de 0 é 0. Para as outras classes, os opostos seguem a ordem da esquerda para a direita a seguir:

$$\{19, 18. 17, \cdots, 3, 2, 1\}.$$

(17) Faça a tabela das classes inversíveis de $\mathbb{Z}/20\mathbb{Z}$.

Solução. Vale notar que $(\mathbb{Z}/20\mathbb{Z})^* = \{1, 3, 7, 9, 11, 13, 17, 19\}$ com oito elementos, o mesmo que $\varphi(20)$. Neste conjunto, 1 é o inverso de 1, 3 é o inverso de 7, 7 é o inverso de 3, 9 é o inverso de 9, 11 é o inverso de 11, 13 é o inverso de 17, 17 é o inverso de 13 e 19 é o inverso de 19, respectivamente.

(18) Seja p um número primo ímpar. Qual é a inversa da classe $\langle \frac{p-1}{2} \rangle_p$?

Solução. Devemos resolver a equação $x \cdot \frac{p-1}{2} \equiv 1\ (mod\ p)$. Isto é o mesmo que $(p-1)x \equiv 2(mod\ p)$. Multiplicando o lado esquerdo e considerando os termos do módulo p, temos que $-x \equiv 2(mod\ p)$. Logo, $x = p - 2$. Por exemplo, seja $p = 11$. Neste caso, $\frac{11-1}{2} = 5$, e $x = 11 - 2 = 9$. Obviamente, $5 \cdot 9 \equiv 1(mod\ 11)$.

(19) Mostre que se p é um número primo, então, todas as classes $\langle a \rangle_p$ de $\mathbb{Z}/p\mathbb{Z}$ são inversíveis.

Solução. Com os dados do exercício, sempre a equação $ax + py = 1$ ou $ax \equiv 1\ (mod\ p)$ tem solução.

(20) Mostre que se a é um número natural tal que $a^2 \equiv 1\ (mod\ p)$ e se p é primo, então, $\langle p - a \rangle_p$ é unipotente.

Solução. O exercício é para provar que a inversa da classe $\langle p - a \rangle_p$ é ela mesma. Para isto, podemos multiplicar os dois lados pela mesma classe $\langle p - a \rangle_p$ e provar que seu quadrado é igual a 1. Isto é o mesmo que provar $(p-a)^2 \equiv 1\ (mod\ p)$. E para provar isto, notamos que $(p-a)^2 = p^2 - 2ap + a^2$, onde $p^2 \equiv 0\ (mod\ p), 2ap \equiv 0\ (mod\ p)$. Logo, $(p-a)^2 \equiv a^2 \equiv 1\ (mod\ p)$.

(21) Mostre que o produto de quaisquer duas classes inversíveis $\langle a \rangle_m$ e $\langle b \rangle_m$, é uma classe inversível.

Solução. Para elas, a inversa é o produto das inversas. Em outras palavras, seguindo a regra geral de inversão em Álgebra, temos que

$$(\langle a \rangle_m \langle b \rangle_m)^{-1} = \langle b \rangle_m^{-1} \langle a \rangle_m^{-1}.$$

(22) Mostre que, em geral, a soma de duas classes inversíveis $\langle a \rangle_m$ e $\langle b \rangle_m$ não é uma classe inversível (basta dar um exemplo).

Solução. Considere as classes $\langle 7\rangle_{20}$ e $\langle 9\rangle_{20}$. A soma delas é a classe $\langle 16\rangle_{20}$, que não é inversível.

(23) Mostre que uma classe $\langle a\rangle_m$ é unipotente se, e somente se, $[a, m] = 1$, e $\langle a\rangle_m^2 = \langle 1\rangle_m$.

Solução. Sabemos que a condição $[a, m] = 1$ é necessária e suficiente para que a classe $\langle a\rangle_m$ seja inversível. Ela é unipotente se, e somente se, não é a classe identidade e ela é igual à sua inversa (veja a Definição na página 122 do livro [Sho utn]). Portanto, multiplicando a igualdade $\langle a\rangle_m = \langle a\rangle_m^{-1}$ de ambos os lados por $\langle a\rangle_m$, temos que $\langle a\rangle_m^2 = 1$.

(24) Determine todas as classes unipotentes de $\mathbb{Z}/44\mathbb{Z}$.

Solução. O conjunto $(\mathbb{Z}/44\mathbb{Z})^*$ possui os $20 = \varphi(44)$ elementos a seguir:

$\{1, 3, 5, 7, 9, 13, 15, 17, 19, 21, 23, 25, 27, 31, 33, 35, 37, 39, 41, 43\}$.

Entre eles, as classes unipotentes são representados por $21, 23$ e 43.

(25) Mostre que quando p é um número primo, então, $\langle p - 1\rangle_p$ é uma classe unipotente.

Solução. De fato, vale $(p - 1)^2 \equiv 1\ (mod\, p)$.

(26) Mostre que quando p é primo, a única classe unipotente de $\mathbb{Z}/p\mathbb{Z}$ é a classe $\langle p - 1\rangle_p$.

Solução. A equação $(p - 1)x\ \equiv 1\ (mod\, p)$ (ou $x(p - 1) - yp = 1$) possui somente uma solução em $\mathbb{Z}/p\mathbb{Z}$ (ou módulo p). Essa solução é $x \equiv -1(mod\, p)$. Ela é o mesmo que $x = p - 1$.

(27) Mostre que para todo número natural n e todo primo p vale a congruência $(p + 1)^n \equiv 1\ (mod\, p)$.

Solução. É fácil, pois $p + 1\ \equiv 1\ (mod\, p)$.

(28) Calcule $\varphi(20), \varphi(30), \varphi(60), \varphi(80)$ e $\varphi(2006)$.

Solução. Iremos somente calcular $\varphi(60)$ e $\varphi(2006)$; os outros casos são semelhantes. Primeiro, temos que $60 = 2^2 \cdot 3 \cdot 5$. Logo, $\varphi(60) = 60\left(1-\frac{1}{2}\right)\left(1-\frac{1}{3}\right)\left(1-\frac{1}{5}\right) = 16$. E temos que $2006 = 2 \cdot 17 \cdot 59$. Logo, $\varphi(2006) = 2006\left(1-\frac{1}{2}\right)\left(1-\frac{1}{17}\right)\left(1-\frac{1}{59}\right) = 928$.

(29) Calcule $\varphi(\varphi 30)), \varphi(\varphi(60)), \varphi(\varphi(80))$ e $\varphi(\varphi(2006))$.

Solução. Iremos somente calcular $\varphi(\varphi(2006)) = \varphi(928)$. Mas, $928 = 2^{32} \cdot 29$. Daí, $\varphi(928) = 928\left(1-\frac{1}{2}\right)\left(1-\frac{1}{29}\right) = 448$.

(30) Faça uma avaliação de quando as desigualdades $\varphi(m \cdot n) \geq \varphi(m)$ e $\varphi(m \cdot n) \geq \varphi(n)$ para dois números naturais são verdadeiras.

Solução. Basta reescrever m e n nas suas representações aritméticas e aplicar o Teorema 4.31 para chegar à conclusão de que as referidas desigualdades são sempre verdadeiras.

(31) Mostre que para todo número $n > 2$, o número $\varphi(n)$ é par.

Sugestão: Considere dois casos $\varphi(2^k)$ e $\varphi(p^k)$ para algum número primo ímpar p e número natural k.

Solução. Segundo a sugestão dada, em ambos os casos, o resultado é um número par. Por outro lado, considerando a representação aritmética de n, temos que $\varphi(n)$ é produto dos números pares, então, é par.

(32) Quantos números naturais a e b entre 1 e 10 existem, tal que $\varphi(a+b) = \varphi(a) + \varphi(b)$? É possível achá-los?

Solução. Uma opção é quando $a = 1$ e $b = 3$. Outra opção é $a = b = 2$. Existem mais?

(33) n-ésima potência de φ. Definimos a n-ésima potência de φ como φ^n de um número natural m como $\varphi^n(m) = \varphi(\varphi(\cdots\varphi(m))\cdots)$ n vezes. Calcule $\varphi^6(120)$.

Solução. $\varphi^n(m)$ é definida como a composição de φ consigo mesmo n vezes. Logo, temos que

$$\varphi^6(120) = \varphi^5(32) = \varphi^4(16) = \varphi^3(8) = \varphi^2(4) = \varphi(2) = 1.$$

(34) Demonstre, pelo menos de duas maneiras, que para todo número natural $n > 2$ vale a desigualdade $n > \varphi(n)$.

Sugestão: Uma das maneiras pode ser baseada no fato de que se p é um número primo e α um número natural, então, $p^\alpha > \varphi(p^\alpha)$.

Solução. Siga a sugestão dada. Outra maneira é utilizar a definição de função $\varphi(n)$ e notar que o produto $\prod_{p|n}\left(1 - \frac{1}{p}\right) < 1$. Logo, pela fórmula (4.15) do livro [Sho utn], temos o resultado desejado.

(35) Mostre que quando m é suficientemente grande, $\varphi^m(n) = 1$.

Solução. Este resultado pode ser visto como $\lim_{m\to\infty} \varphi^m(n) = 1$ para um dado número natural n. Notamos que $1 \leq \varphi(n) < n$ para todo número natural n. Logo, existe uma cadeia decrescente com a seguinte forma:

$$1 \leq \cdots \leq \varphi^k(n) \leq \varphi^{k-1}(n) \leq \cdots \leq \varphi(n) < n.$$

Isto explica a solução do exercício.

(36) Dê uma estimativa para o número m em relação a n no exercício precedente.

Solução. Não existe possivelmente uma resposta precisa no caso geral para qualquer n. Mas, nos casos particulares, temos algumas respostas bem precisas. Por exemplo, se $n = 2^k$, então, vale o seguinte:

$\varphi^m(2^k) = 1$ quando $m \geq k$.

De fato, já para $m = k$, vale a igualdade. E para um número primo p com a forma $1 + 2^{k-1}$, vale o seguinte:

$$\varphi^k(p) = 1.$$

Para demonstrar, notamos que $\varphi^k(p) = \varphi^{k-1}(\varphi(p)) = \varphi^{k-1}(p - 1) = \varphi^{k-1}(2^{k-1}) = 1$. Similarmente, podemos calcular $\varphi^k(p^k)$.

Alguns exemplos de números primos com a forma $1 + 2^{k-1}$ são: 3, 5, 17, 257. Estes são primos de Fermat. Podemos deixar como uma questão se existe um infinito número primo dessa forma.

(37) Calcule $\varphi(10!)$. É possível dar uma fórmula geral para o cálculo de $\varphi(n!)$?

Solução. Temos que $10! = 2^8 \cdot 3^4 \cdot 5^2 \cdot 7 = 3628800$. Logo, temos que

$$\varphi(10!) = \varphi(2^8)\varphi(3^4)\varphi(5^2)\varphi(7) = 2^{11} \cdot 3^4 \cdot 5 = 829440.$$

Em geral, não há fórmulas simples para o cálculo de $\varphi(n!)$.

(38) Seja p um número primo. Mostre que $\varphi(p)^2 < \varphi(p^2)$.

Solução. Notamos que $\varphi(p)^2 = (p-1)^2 = p^2 - 2p + 1$. Por outro lado, temos que $\varphi(p^2) = p^2 - p$. É fácil observar que $p^2 - 2p + 1 < p^2 - p$, pois $-p + 1 < 0$ para todo número primo p.

(39) Seja p um número primo e $\alpha \in \mathbb{N}$. Mostre que $\varphi(p^\alpha)^2 < \varphi(p^{2\alpha})$.

Solução. A solução é consequência do fato de que $p^{2\alpha-2}(1-p) < 0$,para todo número primo p.

(40) Seja $n \in \mathbb{N}$. É verdadeiro que $\varphi(n)^2 \leq \varphi(n^2)$?

Solução. Para resolver este exercício, aplicamos a representação aritmética de n. Seja $n = p_1^{\alpha_1} \cdots p_k^{\alpha_k}$. Logo, temos que

$$\varphi(n)^2 = \varphi\left(p_1^{\alpha_1} \cdots p_k^{\alpha_k}\right)^2 = \varphi\left(p_1^{\alpha_1}\right)^2 \cdots \varphi\left(p_k^{\alpha_k}\right)^2.$$

Pelo exercício precedente, temos que o lado direito da igualdade acima é menor que $\varphi\left(p_1^{2\alpha_1}\right) \cdots \varphi\left(p_k^{2\alpha_k}\right) = \varphi(n^2)$. Logo, vale a desigualdade em questão. Nessa desigualdade, a igualdade acontece quando $n = 1$.

(41) Seja $n \in \mathbb{N}$ e p, um número primo. Mostre que $\varphi(p)^n \leq \varphi(p^n)$.

Solução. Notamos que quando $n = 1$, o resultado desejado é correto, pois os dois lados são iguais a $\varphi(p)$. Para resolver este exercício, no caso geral, aplicamos a Indução Matemática. Pelo Exercício 38, temos a validade da referida desigualdade no caso $n = 2$. Então, suponhamos que $n > 2$ e que vale a desigualdade $\varphi(p)^{n-1} < \varphi(p^{n-1})$. Isto é o mesmo que $(p-1)^{n-1} < p^{n-1} - p^{n-2}$. Multiplicando os dois lados por $p - 1$, temos que

$$(p-1)^n < (p^{n-1} - p^{n-2})(p-1) = p^n - p^{n-1} - p^{n-1} + p^{n-2}$$
$$< p^n - p^{n-1}$$

pois $-p^{n-1} + p^{n-2}$ para os números primos é sempre negativo. Isto implica que $\varphi(p)^n \leq \varphi(p^n)$.

Outra maneira mais simples é $(p-1)^n < p^n < p^n - p^{n-1}$. Isso prova o resultado desejado.

(42) É verdadeiro que para todo número natural n e m vale a desigualdade $\varphi(m)^n \leq \varphi(m^n)$?

Solução. Utilize o resultado do exercício precedente junto com a representação aritmética de m.

(43) Sejam $a, n \in \mathbb{N}$ e $[a, n] = 1$. Mostre a seguinte *desigualdade de triangulo*:

$\varphi(an) \leq a\varphi(n)$.

Solução. A solução é consequência do Teorema 4.32 e do Exercício 34.

(44) Usando o Pequeno Teorema de Fermat, verifique se 81 é um número primo.

Solução. Podemos utilizar o Corolário 4.35. Primeiro, temos que calcular $2^{80} = 1208925819614629174706176$, que é um número de 25 algarismos. Em seguida, notamos que $2^{80} - 1$ não é divisível por 81, como a calculadora mostra. Logo, o referido número não é primo.

(45) Usando o Teorema de Euler, verifique se $[32, 6] = 1$.

Solução. Seja $a = 32$ e $m = 6$. Temos que $\varphi(6) = 2$. Logo, temos que verificar se a congruência $32^2 \equiv 1 \ (mod\ 6)$ é verdadeira. Mas, $1024 - 1 = 1023$ não é divisível por 6. Também poderíamos ter escolhido $a = 6$ e $m = 32$, mas os números envolvidos ficariam maiores, pois $\varphi(32) = 16$ e $6^{16} = 2821109907456$, que é um número de 13 algarismos. Neste caso, $6^{16} - 1$ não é divisível por 32.

(46) Produto escalar. Para um número natural k e uma classe $\langle a \rangle_m$, definimos o *produto escalar* $k\langle a \rangle_m$ como a soma de $\langle a \rangle_m$ consigo mesma k vezes. Portanto,

$$k\langle a \rangle_m = \langle a \rangle_m + \langle a \rangle_m + \cdots + \langle a \rangle_m \ (k \text{ vezes}).$$

(1) Mostre que para toda $\langle a \rangle_m$, vale a igualdade $m\langle a \rangle_m = \langle 0 \rangle_m$.

(2) Mostre que $k\langle a \rangle_m = \langle ka \rangle_m$.

Solução. Primeiro, mostramos o item (2). Aplicamos a Indução Matemática. Sabemos, por definição, que $\langle a \rangle_m + \langle a \rangle_m = \langle 2a \rangle_m$. Suponhamos que $(k-1)\langle a \rangle_m = \langle (k-1)a \rangle_m$. Somando os dois lados com $\langle a \rangle_m$, temos o resultado desejado.

(47) Ideal de $\mathbb{Z}/m\mathbb{Z}$. Da mesma forma que foi definido o ideal de $\mathbb{Z}$, pode-se definir o ideal de $\mathbb{Z}/m\mathbb{Z}$. Um subconjunto não vazio I de $\mathbb{Z}/m\mathbb{Z}$ é um *ideal* de $\mathbb{Z}/m\mathbb{Z}$ se, e somente se, valem as seguintes condições:

(1) Para todo $\langle a \rangle_m, \langle b \rangle_m \in I$, vale $\langle a \rangle_m + \langle b \rangle_m \in I$.

(2) Para todo $\langle x \rangle_m \in \mathbb{Z}/m\mathbb{Z}$ e todo $\langle a \rangle_m \in I$, vale $\langle x \rangle_m \cdot_m \langle a \rangle_m \in I$.

(a) Mostre que $I = \{\langle 0 \rangle_8, \langle 2 \rangle_8, \langle 4 \rangle_8, \langle 6 \rangle_8\}$ é um ideal de $\mathbb{Z}/8\mathbb{Z}$.

(b) Mostre que o conjunto $\{\langle 0 \rangle_8, \langle 2 \rangle_8\}$ não é um ideal de $\mathbb{Z}/8\mathbb{Z}$.

(c) Ache um ideal de $\mathbb{Z}/15\mathbb{Z}$ que contenha $\langle 3 \rangle_{15}$.

Solução. A soma de cada dois elementos de I está em I. E o produto de todas as classes de $\mathbb{Z}/8\mathbb{Z}$ com as classes de I está em I. Para um entendimento melhor, é recomendado fazer tabelas de soma e produto.

E o conjunto $J = \{\langle 0 \rangle_8, \langle 2 \rangle_8\}$ não é um ideal, pois a soma de $\langle 2 \rangle_8 + \langle 2 \rangle_8 = \langle 4 \rangle_8 \notin J$.

Para resolver o item (c), considere a classe $\langle 3\rangle_{15}$. Somando ela consigo mesmo, repetindo, chegamos ao seguinte:

$I = \{\langle 3\rangle_{15}, \langle 6\rangle_{15}, \langle 9\rangle_{15}, \langle 12\rangle_{15}, \langle 15\rangle_{15} = \langle 0\rangle_{15}\}.$

Esse conjunto é a resposta desejada para o item (c).

(48) Mostre que todo ideal de $\mathbb{Z}/m\mathbb{Z}$ possui a classe $\langle 0\rangle_m$.

Solução. A solução deste pode ser feita como a solução do Exercício 78 do Capítulo 1.

(49) Mostre que se uma classe $\langle a\rangle_m$ de um ideal I é inversível, então, $I = \mathbb{Z}/m\mathbb{Z}$.

Solução. A solução deste pode ser feita como a solução do Exercício 93 do Capítulo 1.

(50) Mostre que todo conjunto $\mathbb{Z}/m\mathbb{Z}$ possui pelo menos dois ideais, o ideal nulo $\{\langle 0\rangle_m\}$ e o ideal $\mathbb{Z}/m\mathbb{Z}$.

Solução. É óbvio.

(51) Mostre que se p é primo, então, o único ideal não nulo de $\mathbb{Z}/p\mathbb{Z}$ é ele mesmo.

Solução. Todos os elementos não nulos de $\mathbb{Z}/p\mathbb{Z}$ são inversíveis. Agora, a mesma ideia da solução do Exercício 49 pode ser utilizada.

(52) Ache os elementos inversíveis de $\mathbb{Z}/15\mathbb{Z}$, $\mathbb{Z}/18\mathbb{Z}$ e $\mathbb{Z}/50\mathbb{Z}$.

Solução. Basta procurar os elementos a nas classes $\langle a\rangle_{50}$ que são coprimos com 50. Eles são os seguintes $20 = \varphi(50)$ elementos:

$1, 3, 7, 9, 11, 13, 17, 19, 21, 23, 27, 29, 31, 33, 37, 39, 41, 43, 47, 49.$

(53) Criptografia RSA. Na criptografia de chave pública RSA, são encontradas congruências com a forma:

$$a^{(p-1)(q-1)} \equiv 1 \ (mod\ pq), \qquad (4.1)$$

onde $p \neq q$ são dois números primos e a um inteiro coprimo com p e q.

(1) Mostre que vale a congruência acima.

Sugestão: Pode ser aplicado o Pequeno Teorema de Fermat.

(2) Mostre que a congruência anterior representa uma generalização do Teorema de Euler para dois números primos.

(3) Mostre a seguinte forma geral do Teorema de Euler para os primos distintos $p_1, p_2, \cdots, p_k$ e um inteiro a coprimo com eles:

$$a^{\varphi(\prod_{i=1}^{k} p_i)} \equiv 1 \ (mod \ \prod_{i=1}^{k} p_i). \qquad (4,2)$$

Solução. Para os itens (1) e (2), veja o livro [Sho crip]. Para o item (3), considere primeiro o caso particular de dois primos distintos p e q. Pelo Teorema de Euler, temos que $a^{\varphi(p)} \equiv 1 \ (mod \, p)$ e $a^{\varphi(q)} \equiv 1 \ (mod \, q)$. Calculando a $\varphi(q)$-ésima potência da primeira congruência, temos que

$$a^{\varphi(p)\varphi(q)} = a^{\varphi(pq)} \equiv 1 \ (mod \, p).$$

Fazendo o mesmo com a segunda congruência calculando a $\varphi(p)$-ésima potência, temos que

$$a^{\varphi(p)\varphi(q)} = a^{\varphi(pq)} \equiv 1 \ (mod \, q).$$

Agora, podemos aplicar a resolução do Exercício 6 para chegar à resposta desejada no caso particular. O caso geral é semelhante.

(54) Relação de equivalência. As seguintes propriedades determinam que a congruência e a equivalência entre os polinômios inteiros é uma relação de equivalência.

(1) **Reflexiva**. Mostre que para todo polinômio inteiro f e todo número natural $m > 1$, valem $f \equiv f (mod \, m)$ e $f \sim f \ (mod \, m)$.

(2) **Simetria**. Mostre que para todo polinômio f e g, e todo número natural $m > 1$, vale o seguinte: se $f \equiv g (mod \, m)$, então, $g \equiv f (mod \, m)$ e se $f \sim g \ (mod \, m)$, então, $g \sim f \ (mod \, m)$.

(3) **Transitiva**. Mostre que para todo polinômio inteiro f, g, h e todo número natural $m > 1$ vale o seguinte: se $f \equiv g(mod\, m)$ e se $g \equiv h(mod\, m)$, então, $f \equiv h(mod\, m)$, se $f \sim g\ (mod\, m)$ e $g \sim h\ (mod\, m)$, então, $f \sim h\ (mod\, m)$.

Solução. O item (1) é óbvio porque é uma consequência imediata da definição de congruência e equivalência entre polinômios inteiros. Da mesma forma, o item (2). Para provar o item (3), notamos que se $f \equiv g(mod\, m)$, então, $f - g \equiv 0(mod\, m)$ e $g \equiv h(mod\, m)$ implica que $g - h \equiv 0(mod\, m)$. Logo, a soma deles implica que $f \equiv h(mod\, m)$. Da mesma maneira, podemos provar o item (3) para o caso de equivalência entre polinômios inteiros.

(55) Verifique se os seguintes polinômios $f(x)$ e $g(x)$ são congruentes com módulo m.

(1) $f(x) = 2x^5 + 2x^3 + x^2 + 1, g(x) = 2x^4 + x^2 + 1, m = 2.$

(2) $f(x) = 100x^2 + 1, g(x) = 6x^3 + x^2 - 2, m = 3.$

Solução. Resolvemos item (2). Reescrevemos os polinômios $f(x)$ e $g(x)$ como $f(x) = 0x^3 + 100x^2 + 0\,x + 1$ e $g(x) = 6x^3 + x^2 + 0x - 2$. Então, temos que verificar se os coeficientes de $f(x) - g(x)$ são divisíveis por 3. E, de fato, são.

(56) Verifique se os seguintes polinômios $f(x)$ e $g(x)$ são equivalentes com módulo m:

(1) $f(x) = x^3, g(x) = x, m = 3.$

(2) $f(x) = x^3 + 3x^2 + 3x + 1, g(x) = x + 1, m = 3.$

(3) $f(x) = x^5 - 5x^4 + 10x^3 - 10x^2 + 5x - 1, g(x) = x - 1, m = 5.$

(4) $f(x) = x^4 + 4x^3 + 6x^2 + 4x + 1, g(x) = x + 1, m = 2.$

Solução. Resolvemos o item (3). Seja x_0 um número inteiro qualquer. Calculamos $f(x_0) - g(x_0) = x_0^5 - 5x_0^4 + 10x_0^3 - 10x_0^2 + 4x_0$. Temos que verificar se o lado direito da igualdade é divisível por 5. Então, temos que ver se $x_0^5 + 4x_0$ é divisível por 5. Mas, $x_0^5 + 4x_0 = x_0(x_0^4 + 4)$. De acordo com os possíveis restos da divisão por 5, temos que $x_0 = 5k, 5k + 1, 5k + 2, 5k + 3$ ou $5k + 4$. No primeiro caso, é óbvio que $x_0(x_0^4 + 4)$ é divisível por 5, pois x_0 é divisível por 5. Nos outros casos, $x_0^4 + 4$ é divisível por 5.

(57) É verdadeiro que os polinômios do exercício precedente são congruentes com módulo m?

Resposta. Não.

(58) Dê uma justificativa geral matemática para o fato de que quando $m = p$ é um número primo, o Teorema de Fatoração ou o Teorema de Lagrange tem resultados semelhantes com os conhecidos na teoria de polinômios reais e complexos.

Sugestão: No $\mathbb{R}$ e $\mathbb{C}$, todo elemento não nulo é inversível.

Solução. Siga a sugestão dada.

(59) Mostre que os polinômios $x^2 - x$ e $-2x$ são equivalentes com módulo 2.

Solução. Seja x_0 um número inteiro qualquer. Precisamos provar que $x_0^2 - x_0 \equiv -2x_0 (mod\ 2)$. Colocando $-2x_0$ no lado esquerdo da congruência, temos que provar que $x_0^2 + x_0 \equiv 0\ (mod\ 2)$. Mas, $x_0^2 + x_0 = x_0(x_0 + 1)$. Isto é o produto de dois números inteiros consecutivos e, logo, é divisível por 2.

(60) Mostre que os polinômios $x^3 - 3x^2 + 2x$ e $-3x$ são equivalentes com módulo 3.

Solução. Temos que provar que para todo número inteiro x_0, vale a congruência $x_0^3 - 3x_0^2 + 2x_0 \equiv -3x_0 (mod\, 3)$. O lado direito da congruência é sempre divisível por 3. Para estudar o lado esquerdo, consideramos os restos da divisão de x_0 por 3. São três possibilidades: $x_0 = 3k, x_0 = 3k + 1$ ou $x_0 = 3k + 2$ para algum número inteiro k. No primeiro caso, o lado esquerdo da congruência é divisível por 3; no segundo caso, ele tem a seguinte forma:

$$27k^3 + 6k^2 + 6k + 1 - 3(9k^2 + 6k + 1) + 2(3k + 1)$$
$$= 27k^3 - 21k^2 - 6k$$

que é divisível por 3. No terceiro caso, tem a forma:

$$27k^3 + 54\,k^2 + 36k + 8 - 3(9k^2 + 12\,k + 4) + 6k + 4$$
$$= 27k^3 + 27k^2 + 6k$$

que também é divisível por 3.

(61) Mostre que os polinômios $\prod_{k=0}^{m-1}(x - k)$ e $-mx$ são equivalentes com módulo m.

Solução. A mesma ideia dos dois exercícios precedentes. Primeiro, $-mx_0$ é sempre divisível por m para todo inteiro x_0. Segundo, dependendo do resto da divisão de x_0 por m, sempre existe um fator de produto $\prod_{k=0}^{m-1}(x - k)$ que é divisível por m, pois esse produto é o produto de m números consecutivos. Isso mostra o resultado desejado.

(62) Ache as raízes com módulo m dos seguintes polinômios $f(x)$, caso elas existam:

(1) $f(x) = x^2 - 2, m = 3, m = 7,$ e $m = 14.$

(2) $f(x) = x^2 + 2, m = 3, m = 7,$ e $m = 14.$

(3) $f(x) = x^3 - 1, m = 7.$

Solução. Resolvemos o item (2). Somente no caso de $m = 3$ existe uma raiz $x_0 = 1$.

(63) Ache uma raiz β de $f(x) = x^3 - 1$ com módulo 7 e aplique o Teorema de Fatoração a esse polinômio e $m = 7$.

Solução. $x = 1$ é uma raiz com módulo 7 e o Teorema de Fatoração implica que $x^3 - 1 = (x-1)(x^2+x+1)(mod\ 7)$. Também $x = 2$ é uma raiz e, neste caso, o referido teorema implica que $x^3 - 1 = (x-2)(x^2 + 2x + 4)(mod\ 7)$. Então, $x^3 - 1 \equiv (x-1)(x-2)(x-4)(mod\ 7)$.

(64) Mostre que para todo número de Fermat F_n, vale a congruência $F_n \equiv 2(mod\ 3)$.

Sugestão: Pode ser aplicada a Indução Matemática.

Solução. Para que o exercício seja mais preciso, devemos incluir a condição de que n seja um número natural. Logo, devemos provar que $2^{2^n} \equiv 1\ (mod\ 3)$. Para $n = 1$, essa congruência é verdadeira. Suponhamos que para $n-1$, seja verdadeira. Provaremos que ela também é verdadeira para n. Então, de $2^{2^{n-1}} \equiv 1\ (mod\ 3)$, após calcular o quadrado de dois lados, temos que $\left(2^{2^{n-1}}\right)^2 = 2^{2^n} \equiv 1^2\ \equiv 1\ (mod\ 3)$.

(65) Números pseudoprimos. A definição de números pseudoprimos é dada logo antes do Exemplo 4.36. Mostre que o número 561 é pseudoprimo.

Sugestão: Para verificar se $2^{560} \equiv 1\ (mod\ 561)$, *primeiro observe que* $561 = 3 \cdot 11 \cdot 17$. *Podemos reescrever* $2^{560} = (2^{10})^{56}$. *Mas,* $2^{10} = 1024$, $1024 \equiv 1\ (mod\ 3)$ *e também* $1024 \equiv 1\ (mod\ 11)$. *Mas,* $1024 \not\equiv 1(mod\ 17)$. *Para superar isso, considere* $2^{560} = (2^{16})^{35}$. *Temos que* $2^{16} = 65536$. *Por outro lado,* $65536 \equiv 1\ (mod\ 17)$. *Agora, é possível deduzir que* 561 *é pseudoprimo.*

Solução. Siga a sugestão dada.

(66) Mostre que os seguintes são números pseudoprimos.

$$341, 561, 645, 1105.$$

Solução. Basta seguir a definição dos números pseudoprimos. A ideia dada na sugestão do exercício precedente para o caso do número 561 é útil.

(67) Seja n um número pseudoprimo e a um número inteiro, tal que $[n, a] = [n, a + 1] = 1$. Mostre que vale a congruência:

$$(a + 1)^n \equiv a^n + 1 \ (mod\, n).$$

Sugestão: Valem as seguintes:

$$a^n \equiv a \ (mod\, n), (a + 1)^n \equiv a + 1 \ (mod\, n).$$

Solução. É óbvio. Basta seguir a sugestão dada.

Capítulo 5

Equações de congruência

Os exercícios resolvidos neste capítulo dizem respeito às equações de congruências, sistemas de equações de congruências e suas aplicações em equações diofantinas. O método chinês do resto é utilizado para a resolução de alguns sistemas com módulos diferentes. Os sistemas mônicos são tratados e resolvidos. As raízes primitivas e o índice (o logaritmo discreto) são aplicados na resolução das equações de congruências.

O Capítulo 5 do livro [Sho utn] contém 54 exercícios e eles são resolvidos neste capítulo do presente livro.

5.1 Exercícios e suas soluções

(1) Resolva a equação $x^3 - 1 \equiv 0\ (mod\ 8)$ e ache todas as raízes incongruentes com módulo 8.

Solução. Não há nenhum método específico para resolver essa equação, exceto pela tentativa de procurar a possibilidade de um ou alguns elementos do conjunto $\{0, 1, 2, 3, 4, 5, 6, 7\}$ serem uma raiz. Por meio isto, encontramos $x \equiv 1\ (mod\ 8)$ como a única raiz.

(2) Resolva a equação $x^2 + x + 1\ \equiv 0\ (mod\ 8)$.

Solução. A mesma ideia da solução do exercício anterior; a equação não possui nenhuma raiz.

(3) É verdadeiro que as raízes com módulo 8 de $x^3 - 1 \equiv 0\ (mod\ 8)$ são iguais às raízes de $(x - 1)(x^2 + x + 1) \equiv 0 (mod\ 8)$?

Solução. Para as duas equações, a única raiz é $x \equiv 1\ (mod\ 8)$. Portanto, a resposta é afirmativa.

(4) Resolva a equação diofantina $301x + 2111y = 5$ por meio de uma equação de congruência.

Solução. A referida equação pode ser reescrita como:

$$2111y - 5 \equiv 0 \ (mod\ 301).$$

Essa mesma equação ainda pode ser reduzida com módulo 301 e obter a equação $4y - 5 \equiv 0 \ (mod\ 301)$. Testando os valores do conjunto $\{0, 1, \cdots, 300\}$, temos as respostas dadas no livro [Sho utn], como $x = -1592, y = 227$. Mas, $-1592 \equiv 214 \ (mod\ 301)$. Logo, as respostas da equação de congruência são $x = 214, y = 227$ com módulo 301. Elas nos levam à resposta geral da equação diofantina reescrevendo $y = 227 + 301k$ e substituindo na equação original diofantina, temos $x = -1592 - 2111k$, onde k varia em todo o conjunto dos inteiros.

(5) Resolva a equação diofantina $3x + 4y + 8z = 1$ usando uma equação de congruência. Ache todas as soluções.

Solução. Devemos reduzir essa equação diofantina com módulo um dos seus coeficientes. Escolhemos o menor coeficiente. Logo, temos a equação de congruência $4y + 8z \equiv 1 \ (mod\ 3)$. Essa equação ainda pode ser reduzida para obter $y + 2z - 1 \equiv 0 \ (mod\ 3)$. Escolhendo valores no conjunto $\{0, 1, 2\}$ para y e de acordo com eles, os valores para z no mesmo conjunto, testando se satisfazem a equação precedente, temos os seguintes três pares para (y, z) como solução com módulo 3: $(0,2), (1, 0), (2, 1)$. Considerando o primeiro par, temos uma solução geral como $y = 3k, z = 3m + 2$, onde k e m variam independentemente no conjunto $\mathbb{Z}$. Substituindo na equação original, temos que $3x + 12k + 16 + 24m = 1$. Logo, $x = -5 - 4k - 8m$. Por exemplo, para $k = m = 0$, temos que $x = -5, y = 0, z = 2$. Ou para $k = 1, m = 0$, temos que $x = -9, y = 3, z = 2$. Considerando outros pares, temos outras soluções. Notamos que nessas outras soluções, alguns dos x, y ou z podem repetir-se. Por exemplo, para o par $(1, 0)$, temos que $y = 1 + 3k, z = 3m$. Substituindo a equação diofantina, temos que $x = -1 - 4k - 8m$. Para $k = 1, m = 0$, temos que $x = -5$ como antes. Mas claro, neste caso, $y = 4, z = 0$.

(6) Por meio de uma equação de congruência, resolva a equação diofantina $x + y - 2xy = 1$.

Solução. A referida equação pode ser reescrita como a equação de congruência $x + y - 1 \equiv 0 \ (mod\ 2)$. Essa equação possui as soluções $(x, y) = (1, 0)$ e $(x, y) = (0, 1)$ com módulo 2. Então, podemos escrever que $x = 1 + 2k$ e $y = 2m$ no primeiro caso, onde k e m variam em $\mathbb{Z}$. Substituindo na equação diofantina dada, temos que $1 + 2k + 2m - 2(1 + 2k)(2m) = 1 + 2k + 2m - 4m - 8km = 1$. Logo, $2k - 2m - 8km = 0$. Isto é o mesmo que $k - m - 4km = 0$. Então, $4km = k - m$. Calculando o valor absoluto de ambos os lados, temos que $4|k||m| = |k - m| \leq |k| + |m|$. Considerando o resultado do Exercício 41 do Capítulo 2, entendemos que a desigualdade $4|k||m| \leq |k| + |m|$, exceto para k ou m igual a zero, é impossível. Se k ou m for zero, a igualdade $8k - m - 4km = 0$ implicará que os dois são nulos. Logo, a referida equação diofantina, de fato, somente possui duas soluções.

(7) Por meio de uma equação de congruência, resolva a equação $2x - y + 8xy = 2$.

Solução. Reescrevemos a referida equação diofantina: $y \equiv 0 \ (mod\ 2)$. Portanto, existem duas possibilidades para y, que são $y = 0$ ou $y = 2$. Isso aplicado na referida equação implica que quando $y = 0$, temos que $x = 1$ e quando $y = 2$, não existe valor inteiro para x. Logo, a forma geral da solução para a equação diofantina em questão é $y = 2k$ e $x = 1 + 2k$. Substituindo na referida equação diofantina, temos que $k = 0$. Portanto, somente existe uma solução $x = 1$ e $y = 0$.

(8) Mostre que a equação diofantina $x^2 - y^2 + x + y = 1$ não é solúvel. Isso quer dizer que não existem números inteiros para x e y satisfazendo essa equação.

Solução. A referida equação é igual a $(x+y)(x-y+1)=1$. Então, o produto de dois inteiros é 1. Logo, os dois têm que ser $+1$ ou os dois, -1. Em nenhum caso existem inteiros x e y satisfazendo a referida equação.

(9) Resolva a equação diofantina $x^2-2x=1$ usando uma equação de congruência. Faça o mesmo para $x^3-3x=1$ e $2x^3-8x=1$.

Solução. A primeira equação pode ser reescrita como $x^3-1\equiv 0\ (mod\ 2)$. No conjunto $\mathbb{Z}/2\mathbb{Z}$, a solução é $x=1$. A solução geral para a referida equação diofantina é $x=1+2k$. Substituindo isto na equação diofantina, temos que $4k^3+6k^2+k-1=0$. Logo, a única solução inteira dessa equação é $k=-1$. Daí, $x=1-2=-1$. Mas, a solução $x=1$ não satisfaz a equação diofantina em questão. Do mesmo modo, $x=-1$ não é uma solução. Logo, essa equação não possui solução.

Outra maneira é notar que $x^2-2x=x(x-2)=1$ e que para os inteiros x e $x-2$, essa igualdade é impossível.

A terceira equação dada no exercício não tem solução, pois enquanto o lado esquerdo é sempre par, o do direito é sempre ímpar.

Para estudar a segunda equação, consideramos dois casos. Se x for par, o lado esquerdo será par, mas o lado direito será sempre ímpar. Logo, neste caso, não existe solução. Se x for ímpar, digamos com a forma $x=1+2m$, então, $x^3-3x=8m^3+12m^2-2$ será sempre um inteiro par. Isto é impossível, pois um inteiro par não pode ser igual a 1.

Igualmente, podemos aplicar o fato de que $x^3-3x=x(x^2-3)=1$ e que para os inteiros x e x^2-3, essa igualdade é impossível.

(10) Resolva a equação diofantina $x^2+y^2-3xy=1$ usando uma equação de congruência.

Solução. Existem quatro soluções: $x=\pm 1, y=0$ e $x=0, y=\pm 1$.

(11) Ache todas as soluções da equação $21x - 30 \equiv 0 \ (mod \ 33)$.

Solução. Após dividir por 3, temos a nova equação $7x - 10 \equiv 0 \ (mod \ 11)$, cuja única solução é $x = 3$. Para achar as soluções da equação original, iremos considerar $x = 3 + 11k$. Para $k = 1$, temos a nova solução $x = 14$ e para $k = 2$, temos $x = 25$. Essas três são as soluções da equação original.

(12) Ache todas as soluções da equação $204x - 10 \equiv 0 \ (mod \ 89)$.

Resposta. Uma solução é $x \equiv 62 \ (mod \ 89)$.

(13) Mostre que se $f(x)$ é um polinômio sem termo constante, a equação $f(x) \equiv 0 (mod \ m)$ sempre possui solução, qualquer que seja $m > 1$ número natural.

Solução. Neste caso, $x \equiv 0 \ (mod \ m)$ é sempre uma solução.

(14) Mostre que a integral de todo polinômio $g(x)$ sempre tem solução na equação $g(x) \ \equiv 0 \ (mod \ m)$ para todo número natural $m > 1$.

Solução. A integral indefinida de todo polinômio é um polinômio sem termo constante. Agora, o exercício precedente pode ser aplicado.

(15) Ache o menor número natural m para que a equação diofantina

$$2x + 8y - mz = 200$$

tenha solução.

Solução. Tem que ter $[2, 8, m] | 200$. O menor número natural para m é 1 e o maior não existe, pois m pode ser um número par ou ímpar e sempre o referido máximo divisor comum divide 200.

(16) Ache todas as soluções dos seguintes sistemas de equações diofantinas:

$$\begin{cases} 2x + 3y = 5 \\ -x + 4y = 3 \end{cases} \text{e} \begin{cases} 2x + 3y = 5 \\ x + 4y = 3. \end{cases}$$

Solução. Resolvemos o primeiro sistema. Podemos reescrevê-lo como um sistema de equações de congruência a seguir:

$$\begin{cases} 2x - 2 \equiv 0(mod\ 3) \\ -x - 3 \equiv 0(mod\ 4). \end{cases}$$

Este é um sistema afim para qual o Teorema 5.26 (Chinês de Resto) é aplicável. Para esse sistema, temos que $a_1 = 2, b_1 = -2, m_1 = 3$ e $a_2 = -1, b_2 = -3, m_2 = 4$. Precisamos calcular a inversa de a_1 com módulo 3 e ela é 3. A inversa de a_2 com módulo 4 é 3. Logo, pelo método explicado no referido teorema, temos que $x \equiv 1\ (mod\ 12)$ é a resposta para x e para y do sistema original de equações diofantinas é $x = y = 1$, que é a única solução.

(17) Dê uma condição necessária e suficiente para que um sistema de duas equações diofantinas $a_1x + b_1y = c_1$ e $a_2x + b_2y = c_2$ tenha solução.

Solução. Podemos transformar o referido sistema em um sistema de equações de congruência:

$$\begin{cases} x - a_1^{-1}c_1 \equiv 0(mod\ b_1) \\ x - a_2^{-1}c_2 \equiv 0(mod\ b_2) \end{cases}$$

e aplicar o Teorema 5.23. Então, a referida condição é que

$$[a_1, b_1] = [a_2, b_2] = 1 \text{ e } [b_1, b_2] | a_1^{-1}c_1 - a_2^{-1}c_2.$$

(18) Verifique se o sistema $\begin{cases} x - 3 \equiv 0\ (mod\ 5) \\ x - 4 \equiv 0\ (mod\ 5) \end{cases}$ não possui solução. Some as equações e mostre que a equação obtida tem solução com módulo 5.

Solução. Subtraindo a primeira da segunda equação, temos que $1 \equiv 0\ (mod\ 5)$. Obviamente, essa congruência é impossível.

Notamos que esse sistema não satisfaz a condição obtida na solução do exercício precedente e também por isso ele não possui solução.

(19) Resolva o sistema $\begin{cases} x - 3 \equiv 0\ (mod\ 5) \\ x - 4 \equiv 0\ (mod\ 7) \end{cases}$ e ache a solução com módulo 35. De quantas maneiras é possível resolvê-lo?

Solução. Uma maneira é a aplicação do Teorema 5.26. Resolveremos o sistema por outra maneira. O referido sistema pode ser escrito como $\begin{cases} x-3=5y \\ x-4=7z \end{cases}$ para algumas incógnitas y e z. Subtraindo as equações, temos a equação diofantina $5y-7z=1$. Logo, $y=3$ e $z=2$. Daí, $x \equiv 18(mod\ 35)$ é a solução do sistema.

(20) Resolva o sistema $\begin{cases} 7x-3 \equiv 0\ (mod\ 5) \\ x-4 \equiv 0\ (mod\ 5) \end{cases}$

Solução. Esse sistema pode ser reescrito como $\begin{cases} 2x-3 \equiv 0\ (mod\ 5) \\ x-4 \equiv 0\ (mod\ 5). \end{cases}$ Considerando o Teorema 5.26, temos que $a_1=2, b_1=-3, m_1=5$ e $a_2=1, b_2=\ -4, m_2=5$. Logo, precisamos calcular a inversa de a_1 com módulo 5, e ela é 3. Assim, temos o novo sistema com duas equações iguais, ambas $x-4 \equiv 0(mod\ 5)$. Portanto, $x \equiv 4\ (mod\ 5)$ é a solução.

(21) Resolva o sistema $\begin{cases} 7x+4y-3 \equiv 0\ (mod\ 5) \\ x+y-4 \equiv 0\ (mod\ 5) \end{cases}$

Solução. Temos que $\begin{cases} 2x+4y-3 \equiv 0\ (mod\ 5) \\ x+y-4 \equiv 0\ (mod\ 5) \end{cases}$ Multiplicando a segunda equação por $-2(mod\ 5)$ e somando com a primeira, temos a equação $2y+5 \equiv 0\ (mod\ 5)$. Logo, $y \equiv 0\ (mod\ 5)$ é a resposta para a incógnita y. Substituindo no sistema precedente, temos o seguinte sistema $\begin{cases} 2x-3 \equiv 0\ (mod\ 5) \\ x-4 \equiv 0\ (mod\ 5) \end{cases}$ cuja solução é $x \equiv 4\ (mod\ 5)$, como o exercício precedente mostra.

(22) Resolva a equação $3x^2+5\ \equiv 0\ (mod\ 10243)$.

Solução. Por meio de um programa de computador, podemos testar se essa equação não possui solução. Notamos que o número 10243 é primo. Esta questão também pode ser tratada por meio da reciprocidade quadrática, um assunto tratado no Capítulo 6 (veja a solução do Exercício 9).

(23) Resolva o sistema mônico de três equações:

$$\begin{cases} x - 1 \equiv 0 \ (mod\ 3) \\ x - 2 \equiv 0 \ (mod\ 5) \\ x - 4 \equiv 0 \ (mod\ 7) \end{cases}$$

Solução. Uma maneira é utilizar o Teorema 5.26. A resposta á dada no livro e é $x \equiv 67 \ (mod\ 105)$. Outra maneira é combinar as duas primeiras equações e formar uma nova, e junto com a terceira, chegar a um novo sistema de duas equações. Para combinar as duas, multiplicaremos a primeira equação por 5 e a segunda por 3. Depois iremos subtrair a segunda da primeira equação. Isso nos dará $2x + 1 \equiv 0 \ (mod\ 15)$. Essa equação, juntamente com a terceira, forma um novo sistema $\begin{cases} 2x + 1 \equiv 0 \ (mod\ 15) \\ x - 4 \equiv 0 \ (mod\ 7). \end{cases}$ Multiplicando a primeira equação por 7 e a segunda por 15, subtraindo a primeira da segunda equação, temos que $x - 67 \equiv 0 (mod\ 105)$. Logo, a resposta.

(24) Resolva o sistema mônico de três equações

$$\begin{cases} x - 8 \equiv 0 \ (mod\ 89) \\ x - 1 \equiv 0 \ (mod\ 11) \\ x - 5 \equiv 0 \ (mod\ 23) \end{cases}$$

Solução. Podemos utilizar o Teorema 5.26 ou a segunda maneira da solução do sistema do exercício anterior. A resposta é dada no livro, que é $x \equiv 6238 \ (mod\ 22517)$.

(25) Transforme a equação $7x - 23 \equiv 0 \ (mod\ 2946701)$ em um sistema de três equações de congruências e resolva-o.

Sugestão: Decomponha o módulo como produto de divisores primos. aplique o Teorema Chinês de Resto para formar um sistema e resolva-o.

Solução. Tem-se $2946701 = 89 \cdot 113 \cdot 293$. Logo, $7x - 23$ tem que ser divisível por todos os três divisores primos de 2946701. Isto nos leva ao seguinte sistema:

$$\begin{cases} 7x - 23 \equiv 0 \ (mod\ 89) \\ 7x - 23 \equiv 0 \ (mod\ 113) \\ 7x - 23 \equiv 0 \ (mod\ 293). \end{cases}$$

Precisamos das inversas de 7 com módulo $89, 113$ e 293. Isto pode ser feito com um programa de computador e, assim, podemos aplicar o Teorema 5.26.

Outra maneira é o método utilizado na solução do Exercício 23.

De fato, sem utilizar o sistema de equações de congruência, podemos resolver a referida equação, transformá-la em uma equação diofantina e notar que a resposta é $x = 2525747 \ (mod\ 2946701)$.

(26) Resolva a equação de congruência de duas variáveis $8x + 9y - 3 \equiv 0 \ (mod\ 10)$ e ache pelo menos uma solução dela.

Solução. Resolvemos a equação dada considerando a equação diofantina $8x + 9y = 3$. Para resolver essa equação, podemos reescrevê-la como $x = \frac{3}{8} - y - \frac{y}{8}$. Logo, $\frac{3-y}{8}$ tem que ser um número inteiro. Para isto, basta que $3 - y = 8k$ para algum inteiro k. Para $k = 0$, temos que $y = 3$ e, logo, $x = -3$. Para $k = 1$, temos que $y = -5$, logo, $x = 6$. As respostas com módulo 10 da referida equação de congruência são: $x = 7, y = 3$ e $x = 6, y = 5$ com módulo 10.

(27) Ache todas as soluções da equação do exercício precedente.

Solução. As soluções são dadas no exercício precedente.

(28) Seja $a > 1$ um número natural. Resolva a equação:

$$ax + (a + 1)y - a \equiv 0(mod\ a - 1)$$

e ache uma solução. Ache todas as soluções.

Solução. Aplicamos a ideia da resolução do exercício precedente. Consideremos a equação diofantina $ax + (a+1)y = a$. Essa equação possui solução, pois $[a, a+1] = 1$ e $1|a$. Reescrevendo-a como $x = 1 - y - \frac{y}{a}$, logo, $y = ak$ para algum inteiro k e encontramos a resposta $x = 1, y = 0$ com módulo $a - 1$. Para a referida equação diofantina, ainda existem soluções, tais como, $x = a, y = 0$, e $x = a^2, y = 0$. Mas, elas não são elementos do conjunto $\mathbb{Z}/(a-1)\mathbb{Z}$.

(29) Verifique se a equação $83x + 234y - 210 \equiv 0 \ (mod\ 1999)$ possui solução. Se tiver, ache pelo menos uma das soluções.

Solução. Iremos considerar a seguinte equação diofantina:

$$83x + 234y = 210.$$

Para resolvê-la, começamos com:

$$x = \frac{210}{83} - \frac{234y}{83} = 2 - 2y + \frac{44 - 68y}{83}.$$

A fração do lado direito tem que ser um inteiro. Seja z essa fração. Então, temos a equação diofantina $68y + 83z = 44$. Resolvendo, temos que $y = 69$ e $z = -56$. Logo, $x = -192$. Mas, para o módulo 1999, o valor do x é 1807.

(30) Resolva o sistema $\begin{cases} 2x + 3y - 1 \equiv 0 \ (mod\ 8) \\ 3x + 5y - 2 \equiv 0 \ (mod\ 8) \end{cases}$ e ache uma solução.

Solução. Multiplicando a primeira equação por 5 e a segunda por 3, e subtraindo uma da outra, temos que $x + 1 \equiv 0 \ (mod\ 8)$. Logo, $x \equiv 7 \ (mod\ 8)$. Substituindo em uma das equações do sistema, temos que $y \equiv 1 \ (mod\ 8)$.

(31) Resolva o sistema de duas equações diofantinas:

$$\begin{cases} 2x + 3y - 8z = 1 \\ 3x + 5y - 8z = 2. \end{cases}$$

Solução. Em primeiro lugar, a resposta dada no livro [Sho utn] é incorreta.

Para resolver esse sistema após subtrair a primeira equação da segunda, tem-se a equação diofantina $x + 2y = 1$. Seja $y = k$ um inteiro, então, $x = 1 - 2k$ e elas satisfazem o sistema, de modo que teremos $1 - k = 8z$. Portanto, $z = \frac{(1-k)}{8}$ e k não podem assumir todos os inteiros. Logo, $k = 1 - 8\ell$, onde ℓ varia em todo $\mathbb{Z}$. Baseado nisto, temos que

$x = -1 + 16\ell, y = 1 - 8\ell$ e $z = \ell$.

Por exemplo, para $\ell = -1$, temos que $x = -17, y = 9$ e $z = -1$.

(32) Mostre que o sistema $\begin{cases} 2x + 4y - 3 \equiv 0 \ (mod\ 7) \\ x + 2y - 10 \equiv 0 \ (mod\ 11) \end{cases}$ não é solúvel.

Sugestão: Multiplique a primeira equação por 11 *e a segunda por* 7, *e assim, transforme o sistema acima em um sistema com o mesmo módulo, o módulo* 77.

Solução. Seguindo a sugestão, temos:

$$\begin{cases} 22x + 44y - 33 \equiv 0 \ (mod\ 77) \\ 7x + 14y - 70 \equiv 0 \ (mod\ 77). \end{cases}$$

Após multiplicar a primeira equação por 14 e a segunda por 44, temos que $\begin{cases} 308x + 616y - 462 \equiv 0 \ (mod\ 77) \\ 308x + 616y - 3080 \equiv 0 \ (mod\ 77) \end{cases}$. Subtraindo, não existem mais as incógnitas e ainda 2618 é divisível por 77. Isso explica que, de fato, não existe um número finito de valores para x e y satisfazendo o sistema. Portanto, ele não é solúvel.

(33) Mostre que o seguinte sistema de equações possui infinitas soluções (em outras palavras, não é solúvel como um sistema de congruências).

$$\begin{cases} 2x + 4y - 4 \equiv 0 \ (mod\ 5) \\ x + y - 1 \ \equiv 0 \ (mod\ 7). \end{cases}$$

Sugestão: Multiplique a primeira equação por 7 *e a segunda por* 5, *e assim, determine um sistema com os mesmos módulos. Após eliminar uma das incógnitas, a infinidade de números das soluções ficará clara.*

Solução. Seguindo a sugestão dada, temos:

$$\begin{cases} 70x + 140y - 140 \equiv 0 \ (mod\ 35) \\ 70x + 70y - 70 \ \equiv 0 \ (mod\ 35). \end{cases}$$

Subtraindo, temos que $70y - 70 \ \equiv 0 \ (mod\ 35)$. Logo, a validade dessa congruência é independente do valor de y. Igualmente para o valor de x.

(34) Mostre que o seguinte sistema possui apenas duas soluções. Ache as duas:

$$\begin{cases} x + y - 1 \equiv 0 \ (mod\ 2) \\ 2x + y - 2 \equiv 0 \ (mod\ 3). \end{cases}$$

Solução. A resposta é dada no livro. Mas, resolvemos esse sistema para ter uma ideia sobre a resolução do seguinte exercício. Após multiplicar a primeira equação por 3 e a segunda por 2, chegaremos ao seguinte sistema:

$$\begin{cases} 3x + 3y - 3 \equiv 0 \ (mod\ 6) \\ 4x + 2y - 4 \equiv 0 \ (mod\ 6). \end{cases}$$

Eliminamos y entre as equações multiplicando os lados esquerdos por 2 e -3, respectivamente. Somando, temos a equação $-6x + 6 \equiv 0 \ (mod\ 6)$. Então, x pode ser $1, 0$ ou 2. De acordo com isto, y pode ser $0, 1$ ou 1. Mas, $x = 0, y = 1$ não satisfaz o sistema original. Logo, $(x, y) = (1,0), (2,1)$.

(35) Desenvolva uma regra geral para resolver um sistema como:

$$\begin{cases} a_1x + b_1y + c_1 \equiv 0 \ (mod\ m_1) \\ a_2x + b_2y + c_2 \equiv 0 \ (mod\ m_2) \end{cases}$$

onde cada equação possui solução e $[m_1, m_2] = 1$.

Solução. Aplique a mesma ideia da solução do exercício precedente.

(36) Resolva o sistema afim $\begin{cases} 2x + 5 \equiv 0 \ (mod\ 7) \\ 3x - 6 \equiv 0 \ (mod\ 11). \end{cases}$

Solução. Para resolver esse sistema, multiplicamos a primeira equação por 11 e a segunda por -7. Somando, temos $x + 20 \equiv 0\ (mod\ 77)$. Logo, $x \equiv -20\ (mod\ 77)$. Mais precisamente, $x \equiv 57\ (mod\ 77)$.

(37) Resolva o sistema do exercício precedente por meio do Teorema Chinês de Resto.

Solução. Para o sistema dado, temos que $a_1 = 2, b_1 = 5, m_1 = 7$ e $\langle a_1 \rangle_7^{-1} = 4, c_1 = a_1^{-1} b_1 = 20$. Mas, 20 com módulo 7 é 6. Logo, $c_1 \equiv 6\ (mod\ 7)$. Por outro lado, para a segunda equação, temos que $a_2 = 3, b_2 = -6\ , m_2 = 11$ e $\langle a_2 \rangle_{11}^{-1} = 4, c_2 = a_2^{-1} b_2 = -24$. Precisamos calcular -24 com módulo 11. Logo, $c_2 \equiv -2\ (mod\ 11)$. Ainda, $M = m_1 m_2 = 77, n_1 = 11, m_2 = 7$ e $\langle n_1 \rangle_7^{-1} = \langle 11 \rangle_7^{-1} = 2, \langle n_2 \rangle_{11}^{-1} = \langle 7 \rangle_{11}^{-1} = 8$.

Daí, pelo referido teorema, a solução única é dada por:

$x_0 = -6 \cdot 11 \cdot 2 - (-2) \cdot 7 \cdot 8 = -20.$

Logo, $x_0 \equiv 57\ (mod\ 77)$.

(38) Resolva o seguinte sistema afim sem usar o Teorema Chinês de Resto.

$$\begin{cases} x + 1 \equiv 0\ (mod\ 2) \\ 2x - 1 \equiv 0\ (mod\ 3) \\ 4x + 4 \equiv 0\ (mod\ 5). \end{cases}$$

Sugestão: Resolva o sistema constituído pelas duas primeiras equações e forme um novo sistema pelo resultado obtido e a terceira equação. Resposta: $x \equiv 29\ (mod\ 30)$.

Solução. Siga a sugestão dada.

(39) Resolva o sistema do exercício precedente por meio do Teorema Chinês de Resto.

Solução. Siga o método do Exemplo 5.29 do livro [Sho utn] e o Exercício 37.

(40) Quadrado módulo m. Definimos que um número natural a é *quadrado com módulo* m se, e somente se, $[a, m] = 1$ e existir uma classe $\langle b \rangle_m$, tal que $\langle a \rangle_m = \langle b^2 \rangle_m$.

(1) Mostre que 1 é um quadrado para todo $m > 1$.

(2) Mostre que para todo $m = 2, 3, 4, 5, 6$ o número 2 não é quadrado com módulo m.

(3) Mostre que 2 é quadrado com módulo $m = 7$.

(4) Mostre que para $m = 4$, nenhum número, exceto 1, é quadrado.

(5) Mostre que para $m = 7$, os únicos quadrados são $1, 2$ e 4.

Solução. Obviamente, pela definição, temos que 1 é quadrado de si mesmo. Para resolver o item (2), considere $a = 2$; obviamente para $m = 2$, tem-se que $[2, 2] \neq 1$. O mesmo vale para $m = 4$ e $m = 6$. Suponhamos que $m = 3$, então, $[2, 3] = 1$. Mas, não existe uma classe $\langle b \rangle_3$, tal que $\langle 2 \rangle_3 = \langle b^2 \rangle_3$. Da mesma forma para $m = 5$. No item (3) para $m = 7$, temos que $\langle 2 \rangle_7 = \langle 4^2 \rangle_7$, pois $4^2 = 16 \equiv 2\ (mod\ 7)$.

Outros itens também podem ser verificados facilmente.

(41) Mostre que se a_1 e a_2 são quadrados com módulo m, então, $a_1 a_2$ também é.

Solução. Se $\langle a_1 \rangle_m = \langle b_1^2 \rangle_m$ e $\langle a_2 \rangle_m = \langle b_2^2 \rangle_m$, então, pela regra de multiplicação de classes, temos que

$\langle a_1 \rangle_m \cdot_m \langle a_2 \rangle_m = \langle b_1^2 \rangle_m \cdot_m \langle b_2^2 \rangle_m = \langle b_1^2 b_2^2 \rangle_m$.

Isso completa a solução.

(42) Mostre que se a_1 é quadrado com módulo m e $a_1 \equiv a_2 (mod\ m)$, então, a_2 também é quadrado com módulo m.

Solução. De $\langle a_1 \rangle_m = \langle b_1^2 \rangle_m$ e $a_1 \equiv a_2 (mod\ m)$, seguem as igualdades $\langle a_2 \rangle_m = \langle a_1 \rangle_m = \langle b_1^2 \rangle_m$.

(43) Mostre que a é quadrado com módulo m se, e somente se, a equação $x^2 \equiv a\ (mod\ m)$ possui solução.

Solução. Se a equação $x^2 \equiv a\ (mod\ m)$ possui uma solução b, então, $b^2 \equiv a\ (mod\ m)$. Logo, a congruência implica na igualdade das classes, isto é, $\langle a \rangle_m = \langle b^2 \rangle_m$. Reciprocamente, a igualdade dessas classes implica que a referida equação possui solução.

(44) Mostre que a função $ind_g: E_m \to \Delta_m$ é injetora e sobrejetora.

Solução. Para a definição de E_m, veja a Notação 4.27 do Capítulo 4 do livro [Sho utn] e para a definição de Δ_m, a fórmula (5.26) do Capítulo 5 do mesmo livro. Ambos os conjuntos são finitos e possuem exatamente $\varphi(m)$ elementos; a definição de índice explica por que a referida função é bijetora (injetora e sobrejetora).

(45) Mostre que 7 é uma raiz primitiva com módulo 11.

Solução. Devemos provar que $\varphi(11) = 10$ é o menor número, tal que $7^{10} \equiv 1\ (mod\ 11)$. Testamos todos os números no conjunto $\{1, 2, \cdots, 9, 10\}$ e notamos que para nenhum desses, exceto 10, a referida congruência é verdadeira. Em particular, temos que $7^{10} = 282475249$ e que $7^{10} - 1 = 11 \cdot 25679568$.

(46) Ache uma raiz primitiva com módulo 17.

Solução. O primeiro candidato para uma raiz primitiva com módulo 17 é 2, mas já que $2^8 \equiv 1\ (mod\ 17)$, então, o fato de que $8 < \varphi(17) = 16$ implica que 2 não é o candidato certo. O segundo candidato é 3. E, de fato, ele é uma raiz primitiva com módulo 17, pois 16 é a menor potência de 3 satisfazendo a congruência $3^{16} = 43046721 \equiv 1\ (mod\ 17)$. Em particular, notamos que $3^{16} - 1 = 17 \cdot 2532160$.

(47) Seja g uma raiz primitiva de um número natural $m > 1$. Qual é o valor de $ind_g(g)$?

Solução. De acordo com a Definição 5.36, temos que achar um número t do conjunto $\{1, 2, \cdots, \varphi(m)\}$, tal que $g^t \equiv g(\,mod\, m)$, onde $t = ind_g(g)$. Logo, $t = 1$.

(48) Faça uma tabela dos indicies na base 7 com módulo 11 de todos os números de 1 até 10.

Solução. Para calcular o índice de a, precisamos de uma raiz primitiva g. De acordo com o Exercício 45, o número 7 é uma raiz primitiva com módulo 11. Temos, então, que determinar $t = ind_7$ no conjunto dos números de 1 até 10 satisfazendo a congruência $7^t \equiv a\ (mod\ 11)$ e que a varia no conjunto de 1 até 10. Veja a seguinte tabela, onde a segunda linha contém os valores de $ind_7(a)$.

a	1	2	3	4	5	6	7	8	9	10
$ind_7(a)$	10	3	4	6	2	7	1	9	8	5

(49) Use o exercício precedente e resolva a equação $7y^2 \equiv 5\ (mod\ 11)$.

Solução. Aplicamos a tabela precedente e utilizamos o logaritmo discreto. Temos que $ind_7(7) + 2\ ind_7(y) \equiv ind_7(5)(mod\ 10)$. De acordo com a tabela, a congruência precedente pode ser reescrita como:

$$1 + 2ind_7(y) \equiv 2\ (mod\ 10)$$

e essa equação não possui solução, pois $[2, 10] = 2$ e 2 não divide o termo constante 1.

(50) Use a tabela do Exemplo 5.39 e resolva a equação:

$$7y^2 \equiv 6\ (mod\ 19).$$

Solução. Para resolver este exercício, reescrevemos a referida equação aplicando o logaritmo discreto na seguinte forma:

$$ind_3(7) + 2\ ind_3(y) \equiv ind_3(6)(mod\ 18).$$

Isto é igual a $2\ ind_3(y) \equiv 2\ (mod\ 18)$. Daí, $y = 3\ (mod\ 19)$.

(51) Mostre que, em geral, a *propriedade da divisão* de logaritmo não é verdadeira para o logaritmo discreto. Em outras palavras, mostre que normalmente não vale a congruência

$$ind_g(a) - ind_g(b) \equiv ind_g\left(\frac{a}{b}\right)\left(mod\ \varphi(m)\right),$$

onde $m > 1$ é um número natural e g uma raiz primitiva dele.

Solução. Pode ser que b não divida a.

(52) Considere a tabela do Exemplo 5.39 e verifique se a propriedade da divisão do exercício acima vale para os números a e b, se $b|a$.

Solução. Da primeira linha da referida tabela, temos que $ind_3(8) = 3, ind_3(4) = 14$. Logo, $ind_3(8) - ind_3(4) = 3 - 14 = -11 \equiv 7\ (mod\ 18)$. Por outro lado, $\frac{8}{4} = 2$ e $ind_3(2) = 7\ (mod\ 18)$. Assim, a referida propriedade é verdadeira, pois $-11 \equiv 7\ (mod\ 18)$. Para o caso geral, veja o seguinte exercício.

(53) Mostre que quando $b|a$, então, vale a propriedade da divisão para o logaritmo discreto (veja o exercício precedente).

Solução. Se $b|a$, então, existe um inteiro k, tal que $a = bk$. Calculando o logaritmo discreto, temos que $ind_g(a) = ind_g(b) + ind_g(k)$. Portanto, tem-se

$$ind_g(a) - ind_g(b) \equiv ind_g\left(\frac{a}{b}\right)\ \left(mod\ \varphi(m)\right).$$

(54) Seja $m > 1$ um número natural para o qual existe uma raiz primitiva g. Mostre que $ind_g(g^n) = n$ para todo número natural n.

Solução. Vale a igualdade $ind_g(g^n) = \ n\ ind_g(g) = 1$ pela solução do Exercício 47.

Capítulo 6

Reciprocidade quadrática

Os exercícios deste capítulo são basicamente a respeito da reciprocidade quadrática, onde o Teorema de Gauss tem um papel central. Este capítulo e o próximo contêm dois exercícios deixados como exercícios de pesquisa.

Neste capítulo, são resolvidos 50 exercícios, apesar de no mesmo Capítulo 6 do livro [Sho utn] de fato existirem somente 49 exercícios. Portanto, dos 458 exercícios no presente livro, um é exatamente o Exercício 49 que faltava no livro [Sho utn].

O Exercício 48 com seus 11 itens é um dos mais elaborados, onde foi necessário demonstrar vários lemas para explicar os fundamentos do símbolo de Jacobi. Neste exercício, o item (3) estava faltando no livro [Sho utn], mas aqui está presente.

6.1 Exercícios e suas soluções

(1) Mostre que se a equação $x^2 \equiv a\ (mod\ m)$ tiver solução x_0, então, $[a, m] | x_0^2$.

Solução. Temos que $x_0^2 - a = ym$ para algum inteiro y. Logo, $x_0^2 = a + ym$. Seja $d = [a, m]$. Portanto, $d | ym, d | a$, então $d | x_0^2$.

(2) Mostre que se a equação $x^2 \equiv a(mod\ m)$ tiver solução x_0, então, $[m, x_0] |\ a$.

Solução. Reescrevemos a dada equação de congruência como $a = ym - x_0^2$ para algum número inteiro y. Seja $d = [m, x_0]$. Então, $d|ym, d|x_0^2$. Logo, $d|a$.

(3) Do exercício precedente, deduz-se que quando a equação $x^2 \equiv 1\ (mod\ m)$ tem solução x_0, então, m e x_0 são coprimos.

Solução. É óbvio.

(4) Mostre que quando p é um número primo, $x^2 \equiv a(mod\ p)$ tem solução e $p|a$, então, a única solução com módulo p dessa equação é $x_0 = 0$. Isso deve explicar por que queremos $[a, p] = 1$ nos resultados sobre o resíduo quadrático com módulo p.

Solução. Quando $p|a$, a congruência $x_0^2 \equiv a(mod\ p)$ implica que $x_0^2 \equiv 0(mod\ p)$. Todos os elementos não nulos do conjunto $\mathbb{Z}/p\mathbb{Z}$ são coprimos com p, portanto, exceto $x_0 = 0$, nenhum outro elemento desse conjunto pode ser solução da referida equação.

(5) Mostre que quando a equação $x^2 \equiv a(mod\ m)$ possui solução, então, para todo número natural n, a equação $y^2 \equiv n^2a(mod\ m)$ também tem solução.

Sugestão: A solução de $y^2 \equiv n^2a(mod\ m)$ será nx_0, onde x_0 é a solução da equação $x^2 \equiv a(mod\ m)$.

Solução. Siga a sugestão dada.

(6) Resolva a equação $x^2 \equiv 5(mod\ 9)$. Por que ela não é solúvel?

Solução. Não existe nenhum elemento do conjunto $\mathbb{Z}/9\mathbb{Z}$ satisfazendo a referida equação. De fato, se existisse uma solução x_0, então, 3 também teria que dividir $x_0^2 - 5$. Em outras palavras, $x_0^2 \equiv 5(mod\ 3)$, que implica ainda $x_0^2 \equiv 2(mod\ 3)$. Mas no conjunto $\{0, 1, 2\}$, não existe nenhum elemento satisfazendo a última congruência.

Outra maneira de aproximar a solução dessa questão é por meio do símbolo de Legendre. Temos que $\left(\frac{5}{3}\right) = \left(\frac{2}{3}\right) = -1$.

(7) Mostre que quando p é um número primo e $n \in \mathbb{N}$, se a equação $x^2 \equiv a(mod\, p^n)$ tiver solução, então, a equação $x^2 \equiv a(mod\, p)$ também terá solução.

Solução. Pois, se p^n divide $x^2 - a$, então, p também divide.

(8) Resolva a equação $x^2 + 4x + 4 \equiv 2\ (mod\ 7)$.

Solução. Temos que $x^2 + 4x + 4 = (x+2)^2$. Seja $x + 2 = y$. Logo, temos que resolver a equação $y^2 \equiv 2(mod\ 7)$. Ela possui duas soluções: $y \equiv 3(mod\ 7)$ e $y \equiv 4(mod\ 7)$. Daí, as soluções da equação original são $x \equiv 1(mod\ 7)$ e $x \equiv 2(mod\ 7)$, respectivamente.

(9) Mostre que se $b^2 - c \equiv 0(mod\, m)$, então, a equação $x^2 + 2bx + c \equiv 0(mod\, m)$ tem solução. Qual é uma solução dela?

Solução. A referida equação de congruência pode ser reescrita como $(x+b)^2 \equiv b^2 - c\ (mod\, m)$. Logo, $(x+b)^2 \equiv 0(mod\, m)$, que é solúvel. Uma solução dela é $x \equiv -b(mod\, m)$. Para entender que esta condição dada no exercício é, de fato, necessária, considere a equação $x^2 + 4x + 1 \equiv 0(mod\ 7)$. Nesta, vale $b^2 - c = 4 - 1 = 3 \not\equiv 0(mod\ 7)$ e ela não possui solução em $\mathbb{Z}/7\mathbb{Z}$.

Voltamos aqui para revisar uma solução do Exercício 22 do Capítulo 5. Considere uma equação de congruência como $dx^2 + b \equiv c(mod\, p)$, onde d, b e c são números inteiros e p é primo, tal que $[d, p] = 1$. Seja d^{-1} a inversa de d com módulo p. Então, temos que

$x^2 + d^{-1}b \equiv d^{-1}c\ (mod\, p)$ ou $x^2 \equiv d^{-1}(c-b)(mod\, p)$.

Portanto, pelo símbolo de Legendre, a equação $dx^2 + b \equiv c\ (mod\, p)$ tem solução se, e somente se, vale:

$$\left(\frac{d^{-1}(c-b)}{p}\right) = \left(\frac{d^{-1}}{p}\right)\left(\frac{c-b}{p}\right) = +1.$$

Com referência ao Exercício 22 do Capítulo 5, o valor do lado direito da igualdade precedente é igual a -1.

(10) Dê uma condição necessária para que o seguinte sistema tenha solução:

$$\begin{cases} x^2 \equiv c_1 (mod\, m) \\ x^2 \equiv c_2 (mod\, m). \end{cases}$$

Solução. Uma condição necessária é que $m|c_1 - c_2$. De fato, suponhamos que o referido sistema possua uma solução x_0. Então, $m|x_0^2 - c_1$ e $m|x_0^2 - c_2$. Daí, $m|c_1 - c_2$ (o mesmo que $c_1 \equiv c_2 (mod\, m)$). Se essa condição for satisfeita, o referido sistema possuirá solução, uma vez que uma das equações do sistema tem solução.

(11) Seja $m > 1$ um número natural. Mostre que vale a congruência:

$$x^2 \equiv (m - x)^2 (mod\, m).$$

Solução. Temos que $x^2 - (x - m)^2 = m(2x - m)$, que é divisível por m.

(12) Seja $m > 1$ um número natural. Suponha que a equação $x^2 \equiv a\ (mod\, m)$ tenha solução. Mostre que, então, a equação

$$(x - m)^2 \equiv a\ (mod\, m)$$

também tem solução.

Solução. A solução deste exercício é consequência do exercício precedente, pois $(x - m)^2 \equiv x^2 (mod\, m)$.

(13) Mostre que a equação $x^2 - a \equiv 0\ (mod\, p)$ tem, no máximo, duas soluções incongruentes com módulo p.

Solução. Isto é consequência do Teorema de Lagrange 4.57.

(14) Mostre que os seguintes 11 números são resíduo quadrático com módulo 23 (veja o Lema 6.5 e o Exemplo 6.6)

$$R_{23} = \{1, 2, 3, 4, 6, 8, 9, 12, 13, 16, 18\}.$$

Solução. Podemos testar diretamente que os referidos números do conjunto R_{23} são resíduo quadrático com módulo 23. Para alguns números, como 8, para saber se ele é um resíduo quadrático com módulo 23, podemos também utilizar o símbolo de Legendre e notar que $\left(\frac{8}{23}\right) = \left(\frac{2}{23}\right)^3 = 1$. De fato, $\left(\frac{2}{23}\right) = 1$, pois a equação $x^2 \equiv 2\ (mod\ 23)$ possui a solução $x \equiv 5\ (mod\ 23)$. Para isto, também pode ser utilizado o Lema 6.17 do livro [Sho utn].

(15) Considerando o exercício precedente, resolva as equações:
$x^2 \equiv 18\ (mod\ 23)$ e $x^2 \equiv 13\ (mod\ 23)$.

Solução. A resposta para a primeira equação é 8 e para a segunda é 6.

(16) Suponha que a seja um resíduo quadrático com módulo um número primo p. É verdadeiro que a^2 é resíduo quadrático com módulo p^2?

Solução. Sempre vale a congruência $a^2 \equiv a^2\ (mod\ p^2)$. Neste sentido, a congruência $y^2 \equiv a^2 (mod\ p^2)$ possui a solução $y \equiv a\ (mod\ p)$.

(17) Considerando o exercício precedente. É verdadeiro que a^n é resíduo quadrático com módulo p^n para todo número natural n?

Solução. Consideramos o caso particular no qual n é um número par. Neste caso, $\frac{n}{2}$ é um número natural, portanto, vale a congruência $(a^{n/2})^2 \equiv a^n (mod\ p^n)$, independentemente de a ser ou não um resíduo quadrático com módulo p.

Outro caso particular é quando $p = 2$. Logo, excluindo $a = 0$, temos que ter $a = 1$. Daí, por nossa suposição, $x^2 \equiv 1\ (mod\ 2)$ cuja solução é $x = \pm 1$. Isso implica que $(\pm 1)^2 \equiv 1^n (mod\ 2^n)$ para todo número natural n.

Agora iremos considerar o caso geral para todo n e todo $p \neq 2$.

A ideia é provar que a hipótese do exercício implica a existência do número y_n, tal que para todo n, valeria a seguinte congruência:

$$y_n^2 \equiv a \ (mod\, p^n) \qquad (*)$$

Obviamente, se essa congruência fica provada, então, dela podemos deduzir o resultado desejado.

Inicialmente, podemos supor que $a \neq 0$ (caso contrário, o exercício é demostrado). Aplicamos a Indução Matemática. Suponhamos que para algum número n, a congruência $(*)$ seja demonstrada. De fato, por nossa suposição, para $n = 1$, essa congruência é verdadeira. Para chegar ao caso $n + 1$, provaremos que vale a seguinte igualdade para algum número natural k a ser determinado:

$$y_{n+1} = y_n + k\, p^n.$$

De fato, se essa igualdade é provada, então, o quadrado de ambos os lados implicaria que

$$y_{n+1}^2 = y_n^2 + 2\, y_n k\, p^n + k^2 p^{2n}.$$

E para que seja congruente com a e módulo p^{n+1}, precisamos que $y_n^2 + 2y_n k\, p^n \equiv a\ (mod\, p^{n+1})$. Mas, por $(*)$, para caso n, existe um inteiro u, tal que $y_n^2 = a + u\, p^n$. Portanto, somente precisamos mostrar que $up^n + 2y_n k\, p^n \equiv 0\ (mod\, p^{n+1})$, significando que é necessário que $u + 2y_n k$ seja congruente com 0 módulo p. Pelo fato de que $y_n \not\equiv 0\ (mod\, p)$ e p é agora ímpar, a equação diofantina $u + 2y_{nk} \equiv 0\ (mod\, p)$ possui solução para a incógnita k. Isso mostra como k é determinado e como a solução é feita.

(18) Por meio do Teste de Euler (Teorema 6.9), verifique se 4 é resíduo quadrático com módulo 13.

Solução. O Teorema 6.9, como está escrito no livro [Sho utn], tem um erro de digitação e deve ser reescrito como:

$$a^{\frac{p-1}{2}} \equiv \left(\frac{a}{p}\right)\ (mod\, p).$$

Neste exercício, $a = 4$ e $p = 13$. Logo, devemos testar se $4^6 \equiv 1\ (mod\ 13)$ ou $4^6 \equiv -1\ (mod\ 13)$. Temos que $4^6 = 4096$ e $4096 - 1 = 13 \cdot 315$. Logo, a primeira congruência é verdadeira.

(19) Seja p um número primo. Mostre se $a \in \mathbb{Z}$ e $[a, p] = 1$, então,

$$\left(\frac{a}{p}\right) = \left(\frac{(1-p)a}{p}\right).$$

Solução. Vale a congruência $a \equiv (1-p)a = a - pa\ (mod\ p)$. Logo, pelo item (1) do Lema 6.11, temos o resultado desejado.

(20) Mostre que a seguinte fórmula para a soma dos símbolos de Legendre não é verdadeira

$$\left(\frac{a+b}{p}\right) = \left(\frac{a}{p}\right) + \left(\frac{b}{p}\right).$$

Solução. Enquanto o lado esquerdo da igualdade acima é sempre $+1$ ou -1, o lado direito pode ser $2, -2$ ou 0.

(21) Mostre que a seguinte igualdade não é verdadeira:

$$\left(\frac{ab}{p}\right) = \left(\frac{a}{p}\right) + \left(\frac{b}{p}\right).$$

Solução. A mesma solução do exercício precedente.

(22) Por meio de um exemplo, mostre que a seguinte fórmula não é verdadeira:

$$\left(\frac{a+b}{p}\right) = \left(\frac{a}{p}\right)\left(\frac{b}{p}\right).$$

Solução. Sejam $a = 1, b = 4$ e $p = 3$. O lado esquerdo da referida fórmula é $\left(\frac{5}{3}\right) = \left(\frac{2}{3}\right) = -1$, mas o lado direito é $\left(\frac{1}{3}\right)\left(\frac{4}{3}\right) = 1$.

(23) Calcule os restos principais com módulo 31 para todos os números x, com $1 \leq x \leq 31$.

Solução. Seguindo a definição e o Exemplo 6.13, considere o intervalo $(-\frac{31}{2}, \frac{31}{2}]$. Os seguintes inteiros são os elementos desse intervalo:

-15, -14, -13, -12, -11, -10, -9, -8, -7, -6, -5, -4, -3, -2, -1

$$0, 1, 2, 3, 4, 5, 6, 7, 8, 9, 10, 11, 12, 13, 14, 15$$

com exatamente 31 números. O resto principal de 31 é 0. De 30 até 16, seus restos principais são os números da primeira linha da direita para a esquerda, respectivamente. De 15 até 1, seus restos principais são os números da segunda linha da direita para a esquerda, respectivamente, até 1.

(24) Seja $m > 1$ um número natural. Mostre que o resto principal de todo número inteiro a com módulo m é único.

Solução. Suponhamos, por absurdo, que um inteiro a possui dois restos principais r_1, r_2 distintos com módulo m. Logo, $a \equiv r_1 (mod\, m)$ e $a \equiv r_2 (mod\, m)$. Daí, $r_1 \equiv r_2 (mod\, m)$. Mas, r_1 e r_2 são elementos do conjunto $(-\frac{m}{2}, \frac{m}{2}]$, cuja diferença de dois elementos sempre é menor que m. Isto é uma contradição da nossa suposição.

(25) Com os dados do exercício anterior, mostre que todos os números inteiros do intervalo $(-\frac{m}{2}, \frac{m}{2}]$ são restos principais. Isso quer dizer que para todo número inteiro $t \in (-\frac{m}{2}, \frac{m}{2}]$, existe um número inteiro a, tal que $r_m(a) = t$.

Solução. A mesma ideia da solução do Exercício 23.

(26) Seja p um número primo e $a \in \mathbb{Z}$, tal que $[a, p] = 1$. Por meio do lema de Gauss (Lema 6.16), calcule $\left(\frac{15}{11}\right)$.

Solução. Primeiro, relembramos que $U_a = \left\{a, 2a, \cdots, \frac{p-1}{2}a\right\}$. Para este exercício, temos que $a = 15$ e $p = 11$. Logo, $U_{15} = \{15, 30, 45, 60, 75\}$. Agora, consideremos o intervalo $(-\frac{11}{2}, \frac{11}{2}]$. Seus elementos são:

$\{-5, -4, -3, -2, -1, 0, 1, 2, 3, 4, 5\}$.

Calculamos os restos principais dos elementos de U_{15}. São respectivamente:

4, -3, 1, 5, -2.

De fato, temos que

$$15 \equiv 4 \ (mod\ 11)$$
$$30 \equiv -3 \ (mod\ 11)$$
$$45 \equiv 1 \ (mod\ 11)$$
$$60 \equiv 5 \ (mod\ 11)$$
$$75 \equiv \ -2 \ (mod\ 11).$$

Na lista acima, existem dois restos principais negativos. Portanto, μ=2. Logo, pelo Lema 6.16 e a Notação 6. 15, temos que $\left(\frac{15}{11}\right) = (-1)^2 = 1$. Isto implica que 15 é resíduo quadrático com módulo 11.

Podemos também testar a validade desse resultado notando que

$$\left(\frac{15}{11}\right) = \left(\frac{4}{11}\right) = \left(\frac{2}{11}\right)^2 = 1.$$

(27) Contraparte de Techbycheff. Mostre que para n ímpar, o polinômio contraparte de Techbycheff $S_n(x)$ pode ser definido por

$$S_n(x) = sen(n\, arcsenx).$$

Solução. Na fórmula (6.9) do livro [Sho utn], é definido $S_n(u) = sen(nu)$. Neste exercício, queremos mostrar que o lado direito dessa igualdade pode ser reescrito como $sen(n\, arcsenx)$. Para isto, seja $arcsenx = u$. Logo, $senu = x$. Daí, $sen(n\, arcsenx) = sen(nu)$. Notamos que quando n é ímpar, $sen(nu)$ é um polinômio em termos de $sen(u)$ sem a presença da função cosseno.

(28) Calcule $S_3(x), S_5(x), S_7(x)$ e $S_9(x)$.

Solução. Aplique a fórmula de recorrência com um programa de computador.

(29) Resolva as equações $S_3(x) = 0, S_5(x) = 0$ e $S_7(x) = 0$.

Solução. $S_3(x) = -4x^3 + 3x = 0$, implica que $x = 0$ ou $x = \pm\frac{\sqrt{3}}{2}$, onde $x = sen(u)$. Podemos, então, calcular u. Temos que $u = \pm\frac{\pi}{3}$. No caso de $S_5(x)$=0, temos a equação $S_5(x) = 16x^5 - 20x^3 + 5\,x = 0$ para $x = sen(u)$, ou $x = 0$, ou que $16y^2 - 20y + 5 = 0$, onde $y = x^2$. Logo, $x^2 = \frac{5\pm\sqrt{3}}{8}$. Deixaremos o caso de $S_7(x) = 0$ como um exercício mais elaborado.

(30) Considere o Exemplo 6.24 e ache $sen(\frac{2\pi}{7})$.

Solução. Deixaremos este exercício como um exercício computacional, uma vez que o Exemplo 6.24 é explícito.

(31) Pode ser demonstrado um resultado semelhante ao Lema Trigonométrico para $\frac{\cos(mx)}{cosx}$?

Solução. Obviamente, a fórmula igual, na qual a função seno é trocada pelo cosseno no referido lema, não é a resposta correta. Deixaremos isto como um exercício de pesquisa.

(32) É verdadeiro que o máximo divisor comum dos coeficientes de $T_n(x)$ é sempre igual a 1 para todo $n \in \mathbb{N}$?

Solução. A resposta é afirmativa. Podemos aplicar a Indução Matemática sobre n, com o grau dos polinômios $T_n(x)$. Sabemos que $T_0(x) = 1, T_1(x) = x$. Ambos têm a propriedade desejada. Suponhamos que o máximo divisor comum dos coeficientes dos polinômios $T_n(x)$ de grau 1 até n é igual a 1. Iremos provar que o mesmo também vale para $T_{n+1}(x)$. Sabemos que $T_{n+1}(x) = 2x\,T_n(x) - T_{n-1}(x)$ (veja a fórmula (6.8) do livro [Sho utn]). Portanto, o máximo divisor comum entre os coeficientes de $T_{n+1}(x)$ é igual ao máximo divisor comum entre os coeficientes de $2xT_n(x)$ e $T_{n-1}(x)$, ou seja, o máximo divisor comum entre 2 e 1. Isso completa a solução do exercício.

(33) Mostre que $T_5(x)$ e $S_5(x)$ são congruentes com módulo 2 e módulo 3. Então, são congruentes com módulo 6 também.

Solução. Calculando $S_5(u)$, temos que

$$S_5(u) = 16\,sen^5(u) - 20\,sen^3(u) + 5\,sen(u).$$

O mesmo pode ser escrito como um polinômio em $x = sen(u)$ da seguinte forma:

$$S_5(x) = 16x^5 - 20x^3 + 5x.$$

Por outro lado, $T_5(x) = 16x^5 - 20x^3 - x$. Logo, eles são congruentes com módulo 6.

(34) Mostre que o termo constante de $T_{2n}(x)$ é $(-1)^n$.

Solução. O termo constante de $T_2(x)$ é -1. Aplicamos a Indução Matemática. Suponhamos que o termo constante de todos os polinômios de Techbycheff de grau par até $2n-2$ seja igual a $(-1)^{n-1}$. Iremos provar que o termo constante de $T_{2n}(x)$ é $(-1)^n$. Pelo fato de que $T_{2n}(x) = 2xT_{2n-1}(x) - T_{2n-2}(x)$, o temo constante de $T_{2n}(x)$ é igual ao termo constante de $-T_{2n-2}(x)$. Mas esse termo constante é $(-1)(-1)^{n-1} = (-1)^n$. Isto completa a solução pela Indução.

(35) É verdadeiro que $T_3(x) \equiv S_3(x)(mod\ 2)$?

Solução. Temos que $T_3(x) = 4x^3 - 3x$ e que em função de x, vale $S_3(x) = -4x^3 + 3x$. Logo, a resposta é afirmativa.

(36) Calcule $\frac{sen(7x)}{sen(x)}$.

Solução. Pelo Teorema 6.23, o resultado é o seguinte produto de três termos:

$$-64\left(sen^2x - sen^2\left(\frac{2\pi}{7}\right)\right)\left(sen^2x - sen^2\left(\frac{4\pi}{7}\right)\right)\times$$
$$\left(sen^2x - sen^2\left(\frac{6\pi}{7}\right)\right).$$

(37) Calcule o valor do símbolo $\left(\frac{47}{1997}\right)$ usando o Teorema da Reciprocidade Quadrática de Gauss.

Solução. Os dois números 47 e 1997 são primos. Logo, pelo Teorema 6.26 de Gauss, temos que $\left(\frac{47}{1997}\right) = \left(\frac{1997}{47}\right)(-1)^{\frac{47-1}{2}\cdot\frac{1997-1}{2}} = \left(\frac{1997}{47}\right)$. Por outro lado, $\left(\frac{1999}{47}\right) = \left(\frac{23}{47}\right)$, pois $1997 \equiv 23\ (mod\ 47)$. Aplicando de novo a reciprocidade quadrática, temos que $\left(\frac{23}{47}\right) = -\left(\frac{47}{23}\right) = -\left(\frac{24}{23}\right)$. Mas, temos que $\left(\frac{24}{23}\right) = \left(\frac{1}{23}\right) = 1$. Logo, $\left(\frac{23}{47}\right) = -1$. E, portanto, $\left(\frac{47}{1997}\right) = -1$.

Como consequência, 47 não é resíduo quadrático com módulo 1997.

(38) Calcule o valor do símbolo $\left(\frac{256}{1997}\right)$ usando o Teorema da Reciprocidade Quadrática de Gauss.

Solução. Sabemos que $256 = 2^8$. Portanto, $\left(\frac{256}{1997}\right) = \left(\frac{2}{1997}\right)^8 = 1$.

(39) Calcule o valor do símbolo $\left(\frac{4362}{1997}\right)$ usando o Teorema da Reciprocidade Quadrática de Gauss.

Solução. Temos que $4362 \equiv 368\ (mod\ 1997)$ e que $368 = 2^4 \cdot 23$. Logo,

$$\left(\frac{4362}{1997}\right) = \left(\frac{368}{1997}\right) = \left(\frac{2}{1997}\right)^4 \left(\frac{23}{1997}\right) = \left(\frac{23}{1997}\right) = -1.$$

(40) Seja p um número primo ímpar e $a \in \mathbb{Z}$, tal que $[a, p] = 1$. Mostre que quando n é par, então, $x^2 \equiv a^n (mod\ p)$ tem solução.

Solução. Temos que verificar o sinal do símbolo $\left(\frac{a^n}{p}\right)$. Mas, $\left(\frac{a^n}{p}\right) = \left(\frac{a}{p}\right)^n = 1$, pois n é par.

(41) Seja p um número primo ímpar e $[a, p] = 1$. Mostre que se a não é resíduo quadrático com módulo p, então, para todo número n ímpar, a^n também não é resíduo quadrático com módulo p.

Solução. Isto é consequência do fato de que quando o símbolo de Legendre é igual a -1, qualquer potência ímpar de -1 também é -1.

(42) Mostre que quando n é par, $\left(\frac{a^n}{p}\right) = 1$ para todo número primo ímpar e todo inteiro a coprimo com p.

Solução. É óbvio, pois $\left(\frac{a^n}{p}\right) = \left(\frac{a}{p}\right)^n$.

(43) Mostre que quando p é um primo ímpar e a, b são dois inteiros coprimos com p, então,

$$\left(\frac{ab^2}{p}\right) = \left(\frac{a}{p}\right).$$

Solução. Valem as igualdades $\left(\frac{ab^2}{p}\right) = \left(\frac{a}{p}\right)\left(\frac{b}{p}\right)^2 = \left(\frac{a}{p}\right)$.

(44) Mostre que se p é um número primo ímpar com a forma $4k + 1$ e a é um inteiro positivo coprimo com p, então,

$$\left(\frac{-a}{p}\right) = \left(\frac{a}{p}\right).$$

Solução. A solução deste exercício é consequência do fato de que $\left(\frac{-a}{p}\right) = \left(\frac{-1}{p}\right)\left(\frac{a}{p}\right)$ e do exercício a seguir.

(45) Por meio do Teste de Euler, determine os números primos ímpares p, tal que $\left(\frac{-1}{p}\right) = 1$.

Solução. Sabemos que, em geral, $a^{\frac{p-1}{2}} \equiv \left(\frac{a}{p}\right) \ (mod\, p)$. Neste exercício, $a = -1$. Logo, devemos procurar aqueles primos ímpares, de modo que $(-1)^{\frac{p-1}{2}} \equiv 1 \ (mod\, p)$. Portanto, $\frac{p-1}{2}$ tem que ser par, isto é, $p = 4k + 1$.

(46) Mostre que no Lema 6.17, quando δ e μ não têm a mesma paridade, então, $\frac{p-1}{2} \notin U_2^+$.

Solução. A solução está baseada na demonstração do Lema 6.17. Como a demonstração mostra, os elementos de U_2^+ são pares, mas $\frac{p-1}{2} = 2k - 1$ é ímpar. Portanto, ele não pode ser um elemento de U_2^+.

(47) Por meio do Teorema de Pépin (Teorema 6.30), verifique a primalidade dos números de Fermat F_1, F_2, F_3, F_4, F_5. Isto pode ser feito para F_8?

Solução. Consideramos o caso $F_1 = 5$. De acordo com o referido teorema, devemos testar a validade da congruência $3^2 \equiv -1 \ (mod\ 5)$ que, de fato, é verdadeira. Para $F_2 = 17$, temos que $3^8 = 6561 \equiv -1 \ (mod\ 17)$, que também é correto. Já para F_3, F_4, é bom utilizar um programa de computador para verificar a referida congruência no Teorema de Pépin. Para F_8, os cálculos serão muito grandes!

(48) Símbolo de Jacobi. Para um inteiro a e um número natural ímpar n, o símbolo de Jacobi é definido como:

$$\left(\frac{a}{n}\right)_j = \prod_{i=1}^{k} \left(\frac{a}{p}\right)^{\alpha_i}, \tag{6.1}$$

onde $n = \prod_{i=1}^{k} {p_i}^{\alpha_i}$. O símbolo de Jacobi pode assumir um dos seguintes valores: $1, 0$ ou -1. O segundo valor é resultado de quando $[a, n] \neq 1$ e os outros valores são de acordo com os valores assumidos pelos símbolos de Legendre no lado direito da definição anterior.

O símbolo de Jacobi tem muitas propriedades semelhantes com o símbolo de Legendre, mas, de fato, não é uma generalização total. Para explicar isso, faça as seguintes opções.

Atenção. *Nos seguintes itens, exceto quando dito ao contrario,* m *e* n *são números naturais ímpares.*

(1) Se n é primo, então, $\left(\frac{a}{n}\right)_j = \left(\frac{a}{n}\right)$.

(2) $\left(\frac{ab}{n}\right)_j = \left(\frac{a}{n}\right)_j \left(\frac{b}{n}\right)_j$.

(3) Calcule $\left(\frac{9107}{19}\right)_j$.

(4) Se $a \equiv b \ (mod\ n)$, então, $\left(\frac{a}{n}\right)_j = \left(\frac{b}{n}\right)_j$.

(5) $\left(\frac{1}{n}\right)_j = 1$.

(6) $\left(\frac{a}{n}\right)_j = (-1)^{\frac{n-1}{2}}$.

(7) $\left(\frac{a}{n}\right)_j = (-1)^{\frac{n^2-1}{8}}$.

(8) $\left(\frac{m}{n}\right)_j = \left(\frac{n}{m}\right)_j (-1)^{\frac{1}{2}(m-1)\cdot\frac{1}{2}(n-1)}$.

(9) Mostre que se $\left(\frac{a}{m}\right)_j = -1$, então, a não é resíduo quadrático com módulo m.

(10) Mostre que $\left(\frac{a}{m}\right)_j = 1$ não significa que a é resíduo quadrático com módulo m.

Sugestão: Considere $a = 2, m = 15$.

(11) Mostre que a seguinte congruência não é necessariamente verdadeira para o símbolo de Jacobi:

$$a^{\frac{m-1}{2}} \equiv \left(\frac{a}{m}\right)_j (mod\ m).$$

Solução. Para a solução completa de todos os itens, é preciso demonstrar alguns resultados independentes, certos lemas. A seguir, apresentamos as demonstrações, item por item.

(1) Quando $n = p$ é primo, ele é igual à sua representação aritmética, logo, pela fórmula (6.21) (a definição do símbolo de Jacobi), temos que $\left(\frac{a}{p}\right)_j = \left(\frac{a}{p}\right)$.

(2) Notamos a mesma fórmula (6.21) e o fato de que a representação aritmética de ab é o produto da representação aritmética de a e b.

(3) Temos que $9107 = 7 \cdot 1301$, o produto de dois números primos. Portanto, pelo item precedente, temos que

$$\left(\frac{9107}{19}\right)_J = \left(\frac{7}{19}\right)_J \left(\frac{1301}{19}\right)_J.$$

Agora, pelo item (1), temos que

$$\left(\frac{9107}{19}\right)_J = \left(\frac{7}{19}\right)\left(\frac{1301}{19}\right)$$

que é o produto dos símbolos de Legendre. Calculando os símbolos, temos que $\left(\frac{9107}{19}\right)_J = 1$.

(4) Notamos que se $n = \prod_{i=1}^{k} p_i^{\alpha_i}$, a condição $a \equiv b \ (mod\ n)$ implica que $a \equiv b\ (mod\ p_i)$ para todo $i = 1, \cdots, k$. Daí, vale a igualdade $\left(\frac{a}{p_i}\right) = \left(\frac{b}{p_i}\right)$. Portanto, pela fórmula (6.21), temos que o item (4) é verdadeiro.

(5) Notamos que a congruência $x^2 \equiv 1\ (mod\ n)$ sempre tem solução $x \equiv \pm 1\ (mod\ n)$. Logo, sempre $\left(\frac{1}{p_i}\right) = 1$ para todos os divisores primos de n. Então, pela fórmula (6.21), vale o item (5).

(6) Inicialmente, precisamos do seguinte lema.

Lema 1. Vale a seguinte congruência:

$$\frac{mn-1}{2} \equiv \left(\frac{m-1}{2} + \frac{n-1}{2}\right) (mod\ 2).$$

Demonstração. O fato de que m e n são ímpares implica que $(m-1)(n-1) \equiv 0\ (mod\ 4)$. Logo, $mn - m - n + 1 \equiv 0\ (mod\ 4)$. Ela pode ser reescrita como $mn - 1 \equiv m - 1 + n - 1\ (mod\ 4)$. Portanto, após a divisão por 2 dos dois lados, teremos o resultado desejado.

Obviamente, por meio da Indução Matemática, este lema pode ser estendido ao produto de um número finito de inteiros ímpares.

Agora, para provar o item (6), considere dois números primos ímpares p e q (não necessariamente distintos). Por meio do Teorema de Euler 6.9 do livro [Sho utn], temos que

$\left(\frac{-1}{p}\right) = (-1)^{\frac{p-1}{2}}$, e $\left(\frac{-1}{q}\right) = (-1)^{\frac{q-1}{2}}$.

Multiplicando os dois lados correspondentes das igualdades precedentes, temos que

$$\left(\frac{-1}{p}\right)\left(\frac{-1}{q}\right) = (-1)^{\frac{p-1}{2}}(-1)^{\frac{q-1}{2}}.$$

Considerando o caso particular, onde $n = pq$, daí, pela definição do símbolo de Jacobi, o lado esquerdo e, pelo lema precedente, o lado direito podem ser reescritos como a seguir:

$$\left(\frac{-1}{n}\right) = (-1)^{\frac{pq-1}{2}} = (-1)^{\frac{n-1}{2}}.$$

E pelo fato de que o lema precedente pode ser estendido ao caso geral, então, a igualdade precedente também pode ser estendida. Isso indica a demonstração do item desejado.

(7) Primeiro, iremos provar o seguinte lema.

Lema 2. Vale a seguinte congruência:

$\frac{m^2 n^2-1}{8} \equiv \left(\frac{m^2-1}{8} + \frac{n^2-1}{8}\right) (mod\ 2).$

Demonstração. Pelo fato de que m e n são ímpares, temos que

$m^2 - 1 \equiv 0\ (mod\ 4)$ e $n^2 - 1 \equiv 0\ (mod\ 4)$.

Logo, o produto destas implica que

$(m^2 - 1)(n^2 - 1) \equiv 0\ (mod\ 16).$

Daí, $m^2n^2 - m^2 - n^2 + 1 \equiv 0\ (mod\ 16)$. Portanto,

$m^2n^2 - 1 \equiv ((m^2 - 1) + (n^2 - 1))\ (mod\ 16).$

Após a divisão por 8, temos o resultado desejado.

Lema 3. Para o símbolo de Legendre, vale a seguinte igualdade:

$\left(\frac{2}{p}\right) = (-1)^{\frac{p^2-1}{8}}.$

Demonstração. Essa igualdade é o Lema 6.17 do livro [Sho utn] escrito nesta forma.

Agora, podemos demonstrar o item (7) seguindo os passos da demonstração do item (6), mas utilizando o lema precedente.

(8) Primeiro provaremos o lema a seguir.

Lema 4. Seja r um número inteiro ímpar. Suponhamos que valem as seguintes:

$\left(\frac{m}{r}\right)_j\left(\frac{r}{m}\right)_j = (-1)^{\frac{1}{2}(m-1)\cdot\frac{1}{2}(r-1)}$, e $\left(\frac{n}{r}\right)_j\left(\frac{r}{n}\right)_j = (-1)^{\frac{1}{2}(n-1)\cdot\frac{1}{2}(r-1)}$.

Então, vale a seguinte:

$$\left(\frac{mn}{r}\right)_j\left(\frac{r}{mn}\right)_j = (-1)^{\frac{1}{2}(mn-1)\cdot\frac{1}{2}(r-1)}.$$

Demonstração. Pela definição do símbolo de Jacobi, o item (2) e o Lema 1, temos que

$$\begin{aligned}\left(\frac{mn}{r}\right)_j\left(\frac{r}{mn}\right)_j &= \left(\frac{m}{r}\right)_j\left(\frac{r}{m}\right)_j\left(\frac{n}{r}\right)_j\left(\frac{r}{n}\right)_j \\ &= (-1)^{\frac{1}{2}(m-1)\cdot\frac{1}{2}(r-1)+\frac{1}{2}(n-1)\cdot\frac{1}{2}(r-1)} \\ &= (-1)^{(\frac{m-1}{2}+\frac{n-1}{2})\frac{r-1}{2}} \\ &= (-1)^{\frac{mn-1}{2}\cdot\frac{r-1}{2}}.\end{aligned}$$

A ultima igualdade é consequência do Lema 1. A demonstração está completa.

Agora, o item (8) é uma consequência do lema precedente e o Teorema da Reciprocidade Quadrática de Gauss.

(9) Seja $m = \prod_{i=1}^{k} {p_i}^{\alpha_i}$. Pela definição, sabemos que o símbolo de Jacobi $\left(\frac{a}{m}\right)_j$ é o produto $\prod_{i=1}^{k}\left(\frac{a}{p}\right)^{\alpha_i}$ de símbolos de Legendre. Quando $\left(\frac{a}{m}\right)_j = -1$, então, pelo menos existe um símbolo de Legendre $\left(\frac{a}{p_i}\right) = -1$. Portanto, m não pode dividir a diferença $x^2 - a$ para todo x com módulo m. Logo, a não é resíduo quadrático com módulo m.

(10) Consideramos o caso onde $a = 2$ e $m = 15$. A equação $x^2 \equiv 2\ (mod\ 15)$ não possui solução. Também as equações $x^2 \equiv 2\ (mod\ 3)$ e $x^2 \equiv 2\ (mod\ 5)$ não possuem solução. Mas, ainda vale o seguinte:

$$\left(\frac{2}{15}\right)_J = \left(\frac{2}{3}\right)\left(\frac{2}{5}\right) = (-1)(-1) = 1.$$

Isso mostra o que estamos procurando.

(11) Quando $[a, m] \neq 1$, por sua definição, $\left(\frac{a}{m}\right)_j = \pm 1$. Agora, seja $a = 2$ e $m = 9$. Temos que $2^4 = 16 \not\equiv \pm 1\ (mod\ 9)$.

(49) Mostre que, em geral, a seguinte igualdade não é verdadeira:

$\left(\frac{-a}{p}\right) = \left(\frac{a}{p}\right).$

Veja o Exercício 44.

Solução. Considere o caso onde $a = 3$ e $p = 7$. Temos que $\left(\frac{3}{7}\right) = -1$. Mas, $\left(\frac{-3}{7}\right) = 1$, pois a equação $x^2 \equiv -3\ (mod\ 7)$ tem solução, que é $x \equiv 2\ (mod\ 7)$. Logo, os dois símbolos mencionados não são iguais.

(50) Seja ℓ um número primo de Germain. É possível achar o valor de $\left(\frac{\ell}{2\ell+1}\right)$?

Solução. A solução é a seguinte. Se $\ell = 2$, então $\left(\frac{2}{5}\right) = -1$, que está de acordo com o Lema 6.17. Suponhamos, então, que $\ell \neq 2$. Temos a seguinte igualdade:

$$\left(\frac{\ell}{2\ell + 1}\right) = \left(\frac{2\ell + 1}{\ell}\right)(-1)^{\frac{1}{2}(2\ell+1-1)\cdot\frac{1}{2}(\ell-1)} = \left(\frac{1}{\ell}\right)(-1)^{\ell\cdot\frac{\ell-1}{2}},$$

pois $2\ell + 1 \equiv 1 \ (mod\ \ell)$. Pelo fato de que a equação $x^2 \equiv 1 \ (mod\ \ell)$ tem solução, temos que $\left(\frac{1}{\ell}\right) = 1$. Logo, $\left(\frac{\ell}{2\ell+1}\right) = (-1)^{\ell \cdot \frac{\ell-1}{2}}$. Dois casos podem ocorrer: se $\frac{\ell-1}{2}$ é par, o referido símbolo de Legendre é igual a $+1$. Neste caso, $\ell = 4k + 1$ para algum inteiro k. Se $\frac{\ell-1}{2}$ é ímpar, o produto $\ell \cdot \frac{\ell-1}{2}$ também é ímpar, pois ℓ é primo ímpar. Logo, o referido símbolo é igual a -1. Neste caso, $\ell = 4k + 3$ para algum inteiro k.

Em resumo:

$$\left(\frac{\ell}{2\ell + 1}\right) = \begin{cases} +1 \text{ se } \ell \text{ tem a forma } 4k + 1 \\ -1 \text{ se } \ell \text{ tem a forma } 4k + 3. \end{cases}$$

Capítulo 7

A teoria de AKS

São 16 exercícios, os mesmos do Capítulo 7 do livro [Sho utn]. As questões neste capítulo dizem respeito à redução de polinômios com módulo um número natural $m > 1$ que, em particular, pode ser um número primo. Esses exercícios são uma preparação para entender o que está por da trás da teoria de AKS. Resumindo, eles são os primeiros passos para estudar uma teoria dos números para polinômios sobre corpos finitos, em vez de números inteiros.

7.1 Exercícios e suas soluções

(1) Determine a redução com módulo 13 do polinômio

$$f(x) = 1211891x^3 - 201x^2 + 8001x - 200.$$

Solução. Temos que considerar os coeficientes reduzidos com módulo 13. Para fazer isso, se c é um coeficiente, sua redução com módulo 13 é um inteiro r, tal que $c \equiv r \ (mod\ 13)$. Logo, a resposta é

$$f(x)(mod\ 13) = 2x^4 + 7x^3 - 6x^2 + 6x - 5.$$

Podemos considerar a questão da redução no conjunto $\mathbb{Z}/13\mathbb{Z}$ também. Para isso, basta considerar os coeficientes de $f(x)(mod\ 13)$ neste conjunto e a resposta é

$$2x^4 + 7x^3 + 7x^2 + 6x + 8.$$

(2) Determine a redução com módulo 2 de$T_{2k+1}(x) - S_{2k+1}(x)$.

Solução. A redução com módulo 2 de $T_{2k+1}(x)$ é o polinômio x. Isso é verdadeiro para $k = 1$, pois $T_3(x) = 4x^3 - 3x$. Aplicamos a Indução Matemática. Suponhamos que para todos os índices ímpares até $2k - 1$, a redução com módulo 2 seja 1. A fórmula de recorrência (6.8) do livro [Sho utn] pode ser reescrita como $T_{2k+3}(x) = 2xT_{2k+2}(x) - T_{2k+1}(x)$. A redução com módulo 2 do primeiro termo do lado direito dessa igualdade é zero. Portanto, a redução com módulo 2 de $T_{2k+3}(x)$ é determinada pela redução com módulo 2 do polinômio $T_{2k+1}(x)$. Logo, pela hipótese da Indução, temos o resultado desejado. Agora, considerando o polinômio $S_{2k+1}(x)$, a resposta é a mesma. Então, a redução com módulo 2 de $T_{2k+1}(x) - S_{2k+1}(x)$ é o polinômio nulo.

(3) Determine a redução com módulo 5 de $(x + 3)^5$.

Solução. Na expansão binômio de $(x + 3)^5$, que é $\sum_{k=0}^{5}\binom{5}{k}x^{5-k}3^k$, existem dois termos sem coeficientes divisíveis por 5 que são x^5 e 3^5. Mas, $3^5 = 243$. Logo, a redução com módulo 5 do referido polinômio é $x^5 + 3$.

(4) Determine a redução com módulo 5 de $(x + 5)^3$.

Resposta. x^3.

(5) Mostre que todo polinômio de Techbycheff $T_{2k}(x)$ é primitivo.

Solução. Pelo Exercício 34 do capítulo anterior, o termo constante de $T_{2k}(x)$ é $(-1)^k$. Logo, o máximo divisor comum entre os coeficientes desse polinômio é 1.

(6) Verifique se o polinômio $h(x) = x^2 + 1$ divide o polinômio $f(x) = x^5 + x^4 + x^3 + 2x^2 + 1$ em $\mathbb{Z}[x]$.

Sugestão: Verifique se existem inteiros a, b e c, tais que

$$f(x) = (x^3 + ax^2 + bx + c)(x^2 + 1).$$

Solução. Seguindo a sugestão dada, comparando os coeficientes de ambos os lados da igualdade, podemos chegar à resposta $a = 1, b = 0$ e $c = 1$. Logo, $f(x) = (x^3 + x^2 + 1)(x^2 + 1)$.

(7) Verifique se $h(x) = 2x^3 + x^2 + 1$ divide

$$f(x) = 2x^7 + x^6 + 3x^4 + 5x^3 + 2x^2 + x + 2.$$

Solução. Se $h(x)$ divide $f(x)$ em $\mathbb{Z}[x]$, então, existe um polinômio $g(x)$ de grau igual a $grau(f(x)) - grau\big(h(x)\big) = 4$, tal que $f(x) = g(x)h(x)$. Suponhamos que esse polinômio seja $g(x) = ax^4 + bx^3 + cx^2 + dx + e$. Logo, comparando os coeficientes dos dois lados da igualdade de $f(x) = g(x)h(x)$, teremos um sistema de equações cuja solução é

$$a = 1, b = 0, c = 0, d = 1, e = 2.$$

Isto mostra que a resposta da referida questão é afirmativa.

(8) Mostre que para todo número natural $n > 1$ vale a congruência

$$T_{n+1}(x) \equiv T_{n-1}(x) \ (mod\ 2x).$$

Solução. O símbolo $(mod\ 2x)$ utilizado neste exercício tem o significado de que $2x$ divide a diferença $T_{n+1}(x) - T_{n-1}(x)$, que é, de fato, verdadeira pela fórmula (6.8) do livro [Sho utn]. Aqui, abusamos da notação geral de $(mod\ m)$.

(9) Verifique se $h(x) = x^2 + 1$ divide $f(x) = 3x^5 + 2x^4 + 3x^3 + 3x^2 + 1$ em $\mathbb{Z}/5\mathbb{Z}[x]$.

Sugestão: Verifique se existem números a, b, c e d entre 0 e 4 satisfazendo $f(x) = (ax^3 + bx^2 + cx + d)h(x)$ no conjunto $\mathbb{Z}/5\mathbb{Z}[x]$.

Solução. Seguindo a sugestão dada e comparando os coeficientes da igualdade dos polinômios na sugestão, temos um sistema de equações, onde $a = 3, b = 2, c = 0$ e $d = 1$. Portanto, $h(x)$ divide $f(x)$, de modo que $f(x) = (x^2 + 1)(3x^3 + 2x^2 + 1)$.

Observamos que existe um número natural $m > 1$, onde a referida divisão é também possível no conjunto $\mathbb{Z}/m\mathbb{Z}[x]$. O menor valor para m é 3. E temos que $2x^4 + 1 = (2x^2 + 1)(x^2 + 1)$. Existem outros valores para m diferentes de 3 e 5?

(10) Calcule o produto dos polinômios

$$4x^5 + 41x^3 - x^2 + 20x + 1 \text{ e } 3x^3 + 21x^2 - 90x + 81$$

no conjunto $\mathbb{Z}/97\mathbb{Z}[x]$.

Solução. Podemos calcular o produto dos referidos polinômios no conjunto $\mathbb{Z}[x]$ e, depois, calcular sua redução com módulo 97. A resposta é

$$12x^8 + 84x^7 - 43x^6 + 18x^5 - 62x^4 + 51x^3 - 17x^2 + 75x + 81.$$

(11) Calcule o produto de $T_4(x)$ e $T_6(x)$ no conjunto $\mathbb{Z}/41\mathbb{Z}[x]$.

Solução. Temos que $T_4(x) = 8x^4 - 8x^2 + 1$ e $T_6(x) = 32x^6 - 48x^4 + 18x^2 - 1$. Esses são após a correção no livro [Sho utn], página 193, onde $T_5(x)$ deve ser corrigido para $T_5(x) = 16x^5 - 20x^3 + 5x$.

O produto dos referidos polinômios em $\mathbb{Z}[x]$ é

$$256x^{10} - 640x^8 + 560x^6 - 200x^4 + 26x^2 - 1.$$

A sua redução módulo 41 é

$$10x^{10} - 25x^8 + 27x^6 - 36x^4 + 26x^2 - 1.$$

(12) Mostre que quando p é um número primo, sempre é possível fazer a divisão de Euclides para os polinômios não nulos em $\mathbb{Z}/p\mathbb{Z}[x]$.

Solução. Todos os coeficientes não nulos de um polinômio não nulo de $\mathbb{Z}/p\mathbb{Z}[x]$ são inversíveis em $\mathbb{Z}/p\mathbb{Z}$, em particular o coeficiente dominante. Logo, pelo Teorema 7.11, a resposta do resultado desejado é correta.

(13) Mostre que $x^5 + 2$ é divisível por $x + 2$ em $\mathbb{Z}/3\mathbb{Z}[x]$. Ele é divisível por $x + 2$ em $\mathbb{Z}/5\mathbb{Z}[x]$?

Solução. Seguindo o método da solução do Exercício 9, no conjunto $\mathbb{Z}/3\mathbb{Z}$, temos que $x^5 + 2 = (x + 2)(x^4 + x^3 + x^2 + x + 1)$. A resposta para a segunda parte do exercício também é afirmativa. Neste caso, temos que $x^5 + 2 = (x + 2)(x^4 + 3x^3 + 4x^2 + 2x + 1)$.

(14) Demonstre o Teorema 7.25.

Solução. Este exercício tem uma falha em sua apresentação. Para esclarecer, baseado no Exemplo 7.24, estamos informando que f(x) tem seus coeficientes em $\mathbb{Z}/\mathrm{p}\mathbb{Z}$, todos iguais a 1.

No próprio Exemplo 7.24, em vez de $\mathrm{f}^3 = \mathrm{f} \cdot \mathrm{f}$, isto deve ser obviamente escrito como $\mathrm{f}^3 = \mathrm{f} \cdot \mathrm{f} \cdot \mathrm{f}$.

Agora, seja $f_n(x) = x^n + \cdots + x + 1$ um polinômio de grau n em $\mathbb{Z}/p\mathbb{Z}[x]$. Temos que $f_n^p(x) = (x^n + \cdots + 1)^p = x^{np} + \cdots + x^p + 1$. Isto é uma consequência da expansão binômia e o fato de que p é primo, então, divide todos os coeficientes dessa expansão que têm a forma $\binom{p}{k}$ com $0 < k < p$.

(15) Por meio dos passos de AKS, prove que 23 é primo e 21 não é primo.

Solução. Isto é um exercício de pesquisa. Sua solução requer um programa de computador. Existem sites da Internet e algoritmos de AKS mais explicados com exemplos. Veja em um site, como o Wikipedia.org, ou sites para obter os testes de primalidade.

(16) É possível desenvolver um método em passos para resolver a equação

$$u(x)f(x) + v(x)g(x) = 1$$

quando $f(x)$ e $g(x)$ satisfazem as condições do Lema 7.16?

Solução. Pelo fato de que no conjunto $\mathbb{Z}/p\mathbb{Z}[x]$ existe a divisão de Euclides (veja o Teorema 7.11) e considerando o Lema 7.16, então, o mesmo método aplicado na solução de uma equação diofantina de duas variáveis e de grau um, do Capítulo 1 do livro [Sho utn], pode ser utilizado.

Referências bibliográficas

[Sho not] SHOKRANIAN, S., *Números Notáveis*. Terceira edição. Editora Ciência Moderna. Rio de janeiro 2015.

[Sho utn] SHOKRANIAN, S., *Uma Introdução à Teoria dos Números*. Editora Ciência Moderna. Rio de janeiro 2008.

[Sho uvc] SHOKRANIAN, S., *Uma Introdução à Variável Complexa*. Editora Ciência Moderna. Rio de janeiro 2011.

[Sho crip] SHOKRANIAN, S., *Criptografia para Iniciantes*. Segunda edição. Editora Ciência Moderna 2012.

[SSG] SHOKRANIAN, S., SOARES, M., GODINHO, H., *Teoria dos Números*. Segunda edição. Editora Universidade de Brasília (UnB). Brasília 1999.

[Sho alg1] SHOKRANIAN, S., *Álgebra* 1. Editora Ciência Moderna. Rio de janeiro 2010.

[Sho exem1] SHOKRANIAN, S., *Exemplos de álgebra linear sobre corpos, volume 1: corpos finitos*. Editora Ciência Moderna. Rio de janeiro 2015.

Índice Remissivo

Exemplos de Álgebra Linear sobre Corpos
Volume 1 – Corpos finitos

(Primeira edição, 2015)

Autor: Salahoddin Shokranian
Número de páginas: 320 Peso: 464 gramas
Formato: 16 X 23 cm impressão offset pb
Lombada: 1,7 cm
Encadernação: Brochura
Preço: R$ 79,00
ISBN(versão impressa): 978-85-399-0615-4
ISBN(versão e-book): 978-85-399-0664-2
Código de barras: 9788539906154
Assunto: Matemática / Álgebra

Álgebra linear e matrizes têm sido muito importantes na Matemática, Física, e Ciência da Computação entre outras áreas. Pela primeira vez, neste livro é apresentado, de uma maneira sistemática, um estudo de álgebra linear sobre corpos finitos de um ponto de vista baseado nos exemplos.
A obra, com seus treze capítulos, contém muitos exemplos que podem ser estudados com mais atenção e gerar novas teorias. Além dos assuntos básicos de álgebra linear sobre corpos finitos e um estudo detalhado desses corpos, os capítulos finais abordam teorias de códigos clássicos e relação com grafos e teoria dos números. Teoria dos Códigos é uma parte da tecnologia moderna digital e transmissão de informações pelos computadores, satélites e aparelhos digitais. É uma área de conhecimento muito promissora e interessante de estudar por causa de suas relações com diferentes campos do conhecimento.

Sumario Resumido:

Números Notáveis

(Primeira edição, 2015)

Autor: Salahoddin Shokranian
Número de páginas: 128 Peso: 185 gramas
Formato: 16 X 23 cm impressão offset pb
Lombada: 0,7 cm
Encadernação: Brochura
Preço: R$ 39,00
ISBN(versão impressa): 978-85-399-0603-1
ISBN(versão e-book): 978-85-399-0632-1
Código de barras: 9788539906031
Assunto: Matemática

Este livro foi originalmente escrito para jovens estudantes do ensino fundamental, médio e superior. Os alunos das universidades de matemática, física e ciência da computação, além de leitores gerais, aproveitaram para entender assuntos básicos de números na primeira e segunda edição. A terceira edição está mais elaborada e mais completa. Em resumo, este livro serve para que o leitor entenda mais sobre números e suas propriedades numa linguagem acessível.

Sumario Resumido:

Uma Introdução à Teoria dos Números

(Primeira edição, 2008)

Autor: Salahoddin Shokranian
Número de páginas: 248 Peso 359,5 gramas
Formato: 16 x 23 cm impressão off-set p/b
Preço: 49,00
ISBN: 978-85-7393-753-4
Código de barras: 9788573937534

O Livro contém aspectos básicos da Teoria dos Números. O objetivo é mostrar a presença de números primos na Matemática e métodos mais práticos para estudá-los. Contém exercícios para uma melhor compreensão da Teoria dos Números

Sumario Resumido

Impressão e acabamento
Gráfica da Editora Ciência Moderna Ltda.
Tel: (21) 2201-6662